你可以連結任何人

李楠 著

與這個世界，保持高效的連結

相信很多人都是透過抖音平臺認識我的。目前在抖音平臺上，我的粉絲總數已經超過八百五十萬人，曾經創下一個月粉絲人數增加兩百萬人的紀錄，而我全網各個平臺的粉絲總數已經超過了千萬人。同時，我還是觀海商學院的創辦人和院長，也是 MCN（Multi-Channel Network，多頻道聯播網）機構芭比辣媽的創辦人。另外，我有一個明星合夥人，他是黃曉明。

我花了一年多的時間來寫這本書。在這本書裡，除了分享我的一些人生經歷、創業經驗、職場觀點，還用了極大的篇幅給大家分享一個重要的話題：如何經營好你與外界的關係。

在我的商學院，很多年輕人會問我，有沒有一項技能可以幫助他們更加順利地抵達目的地。我想，任何一個人取得成績的因素都是多方面的，如勤奮、細心、聰明等。但我覺得有一個因素對我的幫助是非常大的，那就是懂得怎樣跟外界打交道。

有人對全球五百強企業的 CEO 做過調查，調查訪問他們現在取得這般成就，最重要的因素是什麼，有百分之七十幾的人都說是懂得經營人際關係。關於這個說法，我自己也是很好的例子。

在此，我想簡單介紹一下本人的經歷。我出生於一個普普通通的教師家庭，在二〇〇五年之前，我跟很多人一樣，大學畢業之後就在北京的某行政機關做公務員。後來我不顧家人反對，到了某個名牌店做起了銷售。再後來，我又跳槽到一家上市公司，從基層做起，直到成為品牌負責人；而後，我又進入一家上市公司並成為該公司的高階主管。二〇一二年，我翻開了人生的新篇章，選擇自主創業，直到今天。

回顧這些年我做出的一些成績：從銷售小白到連續三年的名牌店銷售冠軍；從上市公司的基層員工，晉升到高階主管；創業初期，正值懷孕晚期，我挺著大肚子，從不認識一個投資人，到在三個月的時間裡面談了超過一百個投資人，並最終獲得了黃曉明的認可，拿到他的天使輪投資，成了他的合夥人，又接連拿下後面的幾輪投資。

創業五年後，我創立的 MCN 機構在美拍平臺蟬聯第一。二〇一九年，我下定決心從幕後走向臺前，用了兩年時間收穫全網千萬粉絲。

你肯定會很納悶，我是怎樣成為網紅老闆、怎樣成為黃曉明的合夥人之一的呢？

我想告訴你，因為在這一路上，我遇到過很多的貴人。你可能會說我很幸運，但是在我看來，這一切都不是偶然，也不是靠運氣。任何人想要抓住類似的機會，除了工作上的專業度，我覺得更重要的是懂得怎樣跟外界打交道，讓別人認可你、欣賞你、幫助你。

在多年與同事、主管、客戶、合作夥伴和投資人打交道的過程中，我深深地感受到人際關係的維護有多麼重要，尤其是在中國這樣一個人情社會裡，如果能夠掌握與人溝通的方式和技巧，就能夠給你帶來巨大的資源，甚至可以從無到有，生出資源。這些資源，不僅可以幫助你更高效地獲取成功，也可以讓你的生活、工作、事業更加如魚得水。

所以，我將我工作、創業十餘年之中的待人接物、與人溝通上的經驗和方法創作成了這本書。這本書，是我十餘年來不斷試錯、踩坑，直到如今小有成就的經驗之談。

我自從創業以來，一次次遭遇失敗，又一次次地爬起來，很多時候都用到了這本書中的方法幫我度過危機。其實無論是我找投資人，還是創辦 MCN 去簽約網紅，或者是多次創業轉型，本質上都是在跟各色各樣、各種圈子的人打交道、做溝通。我相信你的工作和創業過程一定也是一樣的。我做為一個普通家庭的孩子，一路走到今天，獲得些許成就，也說明了我分享的這些方法都是可以借鑑的。

所以，我希望翻看這本書的朋友，都能意識到這一點：無論你年齡多大，最好從現在就開始學習怎樣與外界建立聯繫。不管你是銷售人員、廣告業者、媒體人，還是當下新興的網路營運、新媒體人士，都免不了要和外界打交道，並結合各種資訊進行決策。因此你必須學會借助一切力量，這些力量會幫助你在這個社會上走得更穩更好。

有句話說：「聽過很多道理，卻依然過不好這一生。」這是為什麼呢？我想，是因為大家雖然聽了很多道理，卻沒有真正去做，或者不知道該怎麼做。

所以，如果你有緣翻開這本書，我希望你不僅是閱讀一遍，更要用心體會其中的道理，用行動去實踐。

希望我的分享對你有所幫助。

序言二

開竅了，人生才能開掛

我給商學院的年輕學員演講的時候，學員總會問我：「成功的祕訣是什麼？獲得更多財富的規則是什麼？」他們來自各行各業，眼神中充滿了渴望，希望我能直截了當地給他們答案。我在他們這個年齡，也有過同樣的渴望。

「你們想知道成功的祕訣嗎？」

學員們紛紛點頭，希望我盡快說出那個答案。

我說道：「我把成功的祕訣歸納為一個詞——開竅！」

每到這時，我都會停頓一下，觀察學員的表情。他們大多疑惑地看著我。一半的人認為我在故弄玄虛；另一半的人則認為，在這裡聽我演講，還不如出去玩幾局劇本殺。

但這確實是我的心聲，也是我的人生到現在為止最核心的方法論。因此，在正式給大家分享經營人生、經營關係的諸多經驗之前，我想先跟大家說說「開竅」這個話題。因為只有你真的開竅了，我跟你分享的這些技巧才能產生最佳的效果。

「開竅」有點像佛家所說的「頓悟」，它包括心智開竅、認知水準開竅；它能夠讓一個人從懵懂、被動的狀態變成清醒、主動的狀態，從隨波逐流變成主動索求。成功的前提是行動，但是在行動之前，我們需要找到讓你行動的動機是什麼。

一旦開竅，你會發現你的人生可能會有一個巨大的蛻變。而我在這十幾年間，在每個階段都開了不同的「竅」。

1

我出生在一個沒有任何背景的普通家庭。大學畢業之後，在父親的建議下，進入一個政府機關部門，成了一名從端茶倒水開始的小職員。

後來，由於受不了公家機關的約束，以及複雜的人際關係，我選擇反抗父親的意志，幾乎是以和家裡「決裂」的氣勢，離開了公家機關的工作。辭職後，我開始了求職之旅，這之後，是長達十多年的迷茫時光。

我的第一份工作是在人力市場裡找到的，在名牌店當銷售員的工作，每天的工作重心就是幫顧客試衣服。在那家位於當時北京最繁華地段的名牌女裝店裡，我第一次體驗到社會競爭的殘酷，以及人與人之間各式各樣的鉤心鬥角。我每天要第一時間想方設法地「鎖定」踏進店門的客人，判斷她們的財力和喜好，盡心竭力地為她們服務，促成顧客購買。

我還算機靈，也足夠勤快，經過了一年的努力，拿到了門市裡最好的成績，每個月都是銷售冠軍，並升職成了店長助理。升職速度如此之快，也算得上這家店裡的一個小奇蹟了，但是我依然沒有找到自己的定位。我可以肯定，我不熱愛這份工作，我所做的一切，只是為了向父親證明自己，或者說是為了和他賭氣，當然，最重要的是為了在北京生存下來。

直到有一天，我無意中看到試衣鏡中自己給別人提鞋的身影，瞬間愣住了。看著這個既熟悉又陌生的自己，我不禁在心中問自己：「李楠，當初掙脫牢籠、暗下決心、獨自闖蕩世界的你是為了什麼呢？這難道就是你想要的生活嗎？」

我開始思考我的未來。很快，我就決定辭職了。

從被動地為生計奔波轉變為主動地規劃自己的人生道路，從一個懵懂的年輕人變為有清晰目標的成年人，這就是我開竅的時間點。

我常常會在給年輕學員的分享中提到這段經歷。每次說到這裡，我看到學員們的表情，都是從迷惑變成了瞬間領悟。然而，幾乎每個人都經歷過成長的迷茫，以及對前途的憂慮，很多人至今都沒有找到屬於自身開竅的時間點。

很多人分享一些方法論，會講到成功人士具備的各種特質，比如堅持、努力、運氣，這些當然都是必不可少的，但我覺得它們都不是最關鍵的。如何去堅持，如何去努力，包括如何與人打交道，這些都只是表面上的「技術」，而我們首先要研究的，是如何讓這些技術真正發揮價值，從而獲得收益——你首先要開竅。

2

如果說仍沒開竅的人是受情緒左右的，那麼開竅之後的人的行為，就是被內在心智所主導的。你不會再因為不喜歡一個主管而選擇憤然辭職，也不會因為別人不能貫徹自己的目標而半途而廢。

以我為例，我開竅前後的人生完全是兩種狀態。開竅之後，我把自己以前的人生梳理了一遍，並且告訴自己，一定不能再這樣繼續渾渾噩噩了，我必須換個行業。但是，我除了有在公家機關當公務員，以及在名牌店做銷售的工作經歷外，完全不懂其他行業，我該如何轉行呢？哪些行業適合我呢？

我復盤了自己畢業之後的工作經歷，發現這些年我並非一無所獲。不論是當小職員、名牌店銷售員，還是店長助理，我與人打交道的能力都得到了極大的鍛鍊。所以，從銷售員職位辭職之後，我希望找到一個能與人打交道的工作，發揮我的長處。

在理清思路之後，我開始大量地投遞履歷，而且都是以市場部職位為目標。我以前只會做服務性的工作，對於市場部是做什麼的，我完全不懂。如何成功跨行呢？我在網路上蒐集了幾乎所有和市場部門職位相關的資料，並且根據自己的理解，精心製作了 PPT。

在這裡多說一句：很多沒有行業經驗的人，喜歡對 HR 編造自己的工作經歷。殊不知那些虛假的經歷，根本逃不過內行人的眼睛。因此，你去面試的時候，如果有行業經驗，那麼必須把自己包裝成行業專家，因為公司需要的都是懂業務、能替公司解決問題的人才。但是，如果你真的沒有相關經驗，最好實話實說。你清楚公司的需要，並且可以透過表達對公司的忠誠，彌補自己專業上的不足。

我的跨行面試很成功，面試的第一家公司就錄用了我。

這次面試也很具有戲劇性，我還沒有接受初試，但剛好第二輪面試的主管路過等候室時，看到了我手裡列印出來的 PPT，也許這個 PPT 做得還算精緻，他多看了幾眼。我靈機一動，鼓起勇氣問：「主管，這個 PPT 我做得很認真，但還是感覺有些不足之處。不知道能不能請您指導我一下呢？」

於是，他拿著我的 PPT 翻了翻，居然給了我機會直接進入二次面試。在和公司主管的短暫交談中，我揣摩出高階主管的心思：高階主管非常在乎成本，因為將錢省下來，可以讓企業活得更久。所以，我在面試時向主管表明了以下兩點：

第一，我不在乎薪資，我願意主動降低薪水，多少錢都無所謂。而且如果以後由我來負責公司的活動，我一定會給公司控制成本，我有能力花小錢辦大事。

第二，我確實沒有市場部的經驗，不過我可以全身心地投入工作當中。我甚至可以無償加班，只要能夠盡快提升我的工作能力。

面試官聽到這番表達，眼睛立馬就亮了，當場錄用我。

這次跳槽經歷，就像「開掛」一樣順利。因為開竅之後的我，非常清楚自己想要什麼，從蒐集行業資料、用心製作 **PPT**，到爭取面試機會、揣摩面試官的心理、與面試官「談判」，我所有的行動都是在圍繞著我的目標進行的。

3

在這家公司的市場部學習兩年之後，我選擇跳槽到一家頭部上市旅遊公司，管理政府關係和媒體關係。

為什麼總是讓自己開啟「困難模式」？因為我非常清楚自己的職業生涯到了瓶頸期，需要到更大的平臺施展拳腳。

那時，我已經不再是初出茅廬的小白，但是我應聘的職位依然和上一份工作有著較大的差別。我知道自己在專業性上比不上其他應徵者，因此我只能選擇放低身段，付出更多的努力。

又是跨行業跳槽，難度相當大，但在精心地準備資料之後，我用真誠和實幹打動了老闆。我對老闆說：「從我以往的職業經歷您可以看到，我非常擅長與人打交道，而我希望入職的這個職位就是需要具備這種能力的人。我會全力以赴地為公司工作。」

於是，我被這家上市公司錄用了。

在這家公司工作四年，我從最基礎的對內對外如何寫郵件開始學習，一步步從員工成長為部門高階主管。大公司的就職經歷，給我帶來的收穫是顯而易見的：與人相處的能力、部門協調的能力、語言表達和寫作能力，都有了實質的變化。

更為重要的是，這段工作經歷讓我承接了重要的商業訊息資源，累積大量的人脈資源，並且使我瞭解了大公司的運作模式，也為我今後的創業打下良好的基礎。

4

每個人所經歷的人生階段都是不一樣的，開竅的時間也不盡相同。有的人始終處於懵懵懂懂的狀態，一輩子也無法開竅。他們不知道自己的人生追求的是什麼，永遠渾渾噩噩，被時間推著走。

有的人可能前半生碌碌無為，後半生突然開竅，然後人生開掛。我所說的開竅，有點像靈光一現，像是在某一個特殊的時刻，自己把自己打醒了。心理學上認為，人的很多行為和反應都有一個觸發機制，當你受到外界的刺激，就會在短時間內產生一系列的反應。我認為，一個人的開竅也往往如此，如同我看到了鏡子裡「提鞋的自己」一樣，心靈被擊中，然後決心走一條新的路。

我希望，我們不要等到遇到了挫折，遇到真正刺激自己的事情才去轉變。如果我在這本書中跟你分享的道理和方法可以讓你真正開竅，那麼你碌碌無為的時間就能大大減少。

哪怕你讀完這本書之後依然沒有開竅，我相信書中分享的知識和經驗也可以給你有價值的指導。

目錄

Chapter 2

有效連結：如何升級你的關係網絡

Chapter 3

高效溝通策略：你可以打動任何人

【溝通思維】

【說服策略】

Chapter 4

高情商談判法則：讓情緒為你所用

Chapter 5 危機應對攻略：輕鬆處理溝通中棘手的難題

Chapter 7 打造 IP：用「裂變式」的影響力，連結更多人

Chapter 1

關係是最好的資源

人的社會屬性，決定了我們時時刻刻都在與外界進行資源交換。經營好人際關係，能幫助我們更好地獲取資源、運用資源。

如果你身邊的人同質性太高，是不能做成大事的。因此，我們都要走出社交的舒適區，與更多的人建立有效連結，累積多樣化的人脈資源。

沒有人是孤島，借助他人的力量，可以幫助我們走得更遠。

借助他人的力量，為自己賦能

「自己就能搞定的事，一定不要去麻煩別人。」

「人只能自己幫助自己，不要把希望寄託在別人身上。」

「每個人都很忙，不要相互打擾。」

以上觀點聽起來是不是很熟悉？當下人們的自我意識越來越強，有時候你似乎很難找到能幫助你的人。但是，這些觀點真的正確嗎？

沒有人是孤島。

人的社會屬性，決定了我們無法脫離社會關係而獨自生活，不管你的志向有多高遠，你都不可能一個人到達目的地。任何領域的成功，不僅是在商界，都離不開找到能夠幫助你的人。這也是我在開竅之後最重要的感悟。

對於不喜歡的人，你也可以和他建立有價值的連結。

我進入上市公司工作之後，遇到一位非常強勢的女主管，我對她稱不上喜歡，但不得不說，她還是給了我很大的幫助。

我總結了她的優點：這個人很善於開會和協商，善於利用自己的八面玲瓏搶資源。不論是開公司的內部會議，還是和甲方開的外部會議，會場永遠是她的舞臺。她形象非常好，情商高，說話時常常剛柔並濟、軟硬兼施；在和不同對象談判時，她懂得什麼時候該強硬，什麼時候該示弱；在管理員工時，她懂得何時該收買人心，何時該保持距離感。

後來，她去大平臺公司做了高階主管，我也離開了那家上市公司。但是，在和她打交道的過程中，我從她身上學到創業需要的很多本事。不得不說，我後來很多的談判技巧，也是從她身上學習到的。

在任何地方都有能給你提供幫助的人，但前提是你需要有發現這些人的能力。回顧我的職業生涯，我發現那些幫助我的人都不會主動提供幫助，而是需要我自己在工作當中留心觀察、虛心請教。

如何判斷他人對自己是否有幫助

你也許會說，我工作和生活中要接觸的人太多了，該怎麼判斷一個人能否對我有幫助呢？

我覺得，既要看這個人的特點，也要看這個人的優點。有些人的優點不是那麼容易發掘，這就需要我們有一雙懂得發現的眼睛，洞察到每一個人身上的稀缺價值。

比如，有一類人特別喜歡鑽研，有較強的忍耐力，並且不容易受情緒影響，也不太愛說話。通常，我們會覺得這類人「城府很深」，不太容易一下子拉近距離。

在和這類人打交道的時候，就要留心他們正在關注的東西。因為我們往往會發現他們特別喜歡研究一些新鮮事物，往往有著超出旁人的預判力，而他們所關注的領域，很有可能存在新的商機。在和這類人對話的時候，你可以在言語間挖掘新的職業方向。

再舉個例子。我有個朋友，她曾經是一名平凡的企業職員，她有一個三歲大的女兒，她自己和大多數普通人一樣，似乎沒什麼太多的優點。但是她有個愛好，特別擅長做手工，尤其是女童頭飾等飾品。

這原本只是她日常生活中的一個小愛好，平時只是消磨消磨時間，偶爾在朋友圈分享一下。但慢慢地，她發現自己做的手工作品很受媽媽們的歡迎。

她開始嘗試拍攝短影片，展示自己製作的漂亮飾品，演示製作過程。很快，她的短影片吸引了大量關注，很多人私訊她，問這些飾品能不能出售。

那個時候，我已經在做 MCN 公司，我看到了商機，主動找她合作。後來，她從短影片轉戰到電商，曾經的小愛好竟然變成了她的事業。而在合作中，她也為我的公司帶來不少收益。

像這樣的例子，我在創業的過程中遇到過很多次。

常常有人問我：「楠姐，你怎麼能找到這麼多商業資源？你運氣也太好了吧。」

其實，我只是商業嗅覺比較靈敏罷了，我意識到，每一個看似普通的人，都有其獨特的閃光點。你只需要將這些人匯聚到你身邊，他們就可能成為你前進路上的貴人。

讓身邊的人為你提供資源

網路上流行一個詞，叫做「內卷」。其大意就是，在一個狹小的領域，對有限的資源做激烈的重複性競爭。

我也經常聽到有些小夥伴對我說：「我所在的行業都快『卷』死了，現在要挖到對工作有幫助的資源真的太難太難，楠姐有什麼好辦法嗎？」

每當聽到這類問題時，我總是要問一句：「你為什麼不借助你身邊人的力量呢？」

一個律師朋友小王對我說過他的一些經歷。在開始獨立工作的時候，他並沒有像其他律師同行那樣，盲目向外部開拓客戶，而是和自己所在的律師事務所內部的資深律師打好關係。

那些資深律師不僅客戶資源豐富，而且由於找他們辦案的客戶太多，他們根本忙不過來。這時，這些資深律師就會第一時間想到懂事又能幹的小王，把這些案子交給他處理。

小王也從這些小案子開始做起，逐漸把資深律師給他的人脈資源變成了自己的資源，然後慢慢擴大自己的品牌影響力，大概四年時間，他就成了經驗豐富的律師。

你或許會覺得，這只是因為小王太幸運了，剛好遇到願意帶他的前輩，而我想說的是，運氣只會降臨在做好準備的人身上。當我們在抱怨行業越來越內卷、競爭越來越激烈、資源越來越難以拓展的時候，有沒有想過轉換一種思路？你覺得自己認識的人不多，那麼為什麼不試試從自己身邊的人開始，以他們為起點拓展自己的人脈呢？

有格局的人，能獲得更多的資源

你肯定聽說過這些說法：「一個人有多大的格局，這個人就能做多大的事。」「世界上最寬闊的是海洋，比海洋更寬闊的是天空，比天空更寬闊的是人的格局。」但是，你問他們：「格局到底是什麼？」卻很少有人能回答得出來。

「格局」聽起來是個很抽象的詞，但它背後反映的是實實在在的價值觀和方法論。

我認為，格局就是能釐清捨和得的關係。有格局的人往往懂得先捨後得的道理，他們會毫不猶豫地捨棄眼前的小利益，將自己的眼光放在更加長遠的大目標上。

同時，有格局的人也很清楚自己的目標是什麼，並且能夠在很長一段時間內，心無旁騖地向著這個目標前進。

當人們談論起華為的時候，往往會讚嘆華為的格局大。華為能夠幾十年如一日，專注於技術的研發和投入，這在中國的企業當中是很少見的。

華為執行長任正非也曾將華為比作一隻只會埋頭前進的老海龜，即使道路兩旁繁花似錦，也不曾抬頭看過一眼，而是向著目標穩穩地邁出每一步。

其實，在華為的發展過程中，有無數次快速賺錢的機會。那時候，許多企業在賺到第一桶金之後，都紛紛轉向股市和房地產。

然而，華為卻不為所動。事實也證明，華為的選擇是正確的。當年那些只看到眼前利益的企業，現在大多已經不知去向，而華為卻成了響噹噹的本土品牌。華為的成功，也是格局的成功。

做企業如是，做人也當如是。想成為一個有魅力的人，先要提升自己的格局。

做個能捨的人

如何才能提升自己的格局呢？首先，你要做個敢「捨」的人。

比如，一個粉絲在我直播的時候問我：「我的老闆欠我三千塊，一直沒有還錢的意思，但是我又想晉升，怕跟老闆要錢之後老闆給我穿小鞋。我真的好糾結啊！三千塊對我來說不算小錢，我該如何選擇呢？」

我告訴他：「老闆在選擇員工的時候，員工也在選擇老闆。首先，你要分析老闆是什麼樣的人，如果覺得他會暗中刁難你，這錢就不能要；如果相反，則應該提醒他還錢。」

「這件事也是你去試驗老闆格局的機會，如果老闆連三千塊都不願意還，你也就不必在他身上浪費你寶貴的時間和感情了。如果你的職業目標很清晰，暫時還不想放棄這份工作，那麼你就需要學會捨，就當花三千塊給老闆買了一件衣服，這麼想也就不會再糾結了。」

當你無法改變對方的格局時，先讓自己做個能捨的人。你自己的格局打開之後，也就不會被一些雞毛蒜皮的小失和小利所困擾，可以留出寶貴的時間和精力，將其放在更有價值的地方。

能捨還要會捨

除能捨之外，你還要會捨。

有些人為了不得罪別人，但凡遇到一點事情，就選擇妥協。這種人看起來格局很大，其實是個沒有原則的「爛好人」。

會捨，意味著我們要在不放棄原則的前提下，知道哪些東西該捨，哪些東西不該捨。我們捨棄一些眼前的利益，目的不是討好別人，而是換取更大的發展空間。缺乏格局的人常常會為蠅頭小利而互不相讓，自然也很少能吸引到優秀的人才。若想與優秀的人合作，就一定需要捨掉眼前的利益。

例如，項羽在一場戰役結束之後，經常會拉著傷員的手噓寒問暖，甚至把自己的戰馬讓給傷員騎。但是，在需要封賞眾將領的時候，卻把方形的印信拿在手中，甚至印信的四角都把玩到磨成圓的，絲毫不肯放棄自己的利益。

這樣的人可以捨棄一點小利，卻不能算是有格局。因為他分不清哪些該捨，哪些不該捨。歷代史書中對項羽的評價，幾乎都是說他婦人之仁。

這樣的人在現實中也很常見，比如我認識的一位老闆，在年初時先告訴員工，只要好好做就可以得到6％的分成。但半年之後，看到公司業績飛速上漲，又變成了給員工3％的分成。這樣就挫傷了員工的積極性，導致大批員工離職。年底的時候，公司也倒閉了。

會捨也並不意味總是吃虧，有時反而會收到奇效。

在這裡，我分享一個特別經典的案例。二十世紀九〇年代，一家香港地產公司的在售房地產，被消費者發現牆體有問題。這對於一家老牌的房地產企業來說，是致命的危機。

他們是怎樣處理公關危機的呢？

這家企業的老闆立刻召開媒體發布會，做出一個令人不可思議的決定：緊急修復、重新加固牆體，並向所有購樓的消費者退款、賠償；此外，還與他們簽訂協議，如果公司再蓋新樓，這些消費者都有優先購買權。

短短幾天，公司出現了可怕的資金短缺，同行和媒體都在嘲笑這家房地產公司的老闆太傻。然而出乎意料的是，一個星期之後，這家公司開發的房子被搶購一空。

這家公司也一炮而紅，只要是它家的房子，剛剛開售就會被搶空。一場危機，就這樣被轉化成了一次成功的品牌行銷。

敢於捨棄眼前的利益，你也許會痛苦一時，但是一時的痛苦，卻可以獲得外界的認同，換來持續一生的回報。

累積有效的資源，可以幫你製造商機

「楠姐！我明天就要開始創業了！我也要成為像你一樣的企業家！」我的學員小李興奮地對我說。

小李是個剛剛畢業的大學生，在聽完我的創業演講之後，當晚就約了幾個哥們兒喝了頓酒，幾個人在酒桌上當即拍板一起創業，目標是讓企業在美國納斯達克敲鐘上市。

我看著眉飛色舞的小李，給他潑了一盆冷水：「你的創業計劃，很可能會失敗！」

小李聽了，馬上就想反駁我的話。

我向他做個暫停的手勢，然後給他講了另一個年輕人創業的故事。

創業不是請客吃飯

我的朋友夕顏是個典型的富二代，從小到大的人生被她的父親安排得很妥當。她從英國一所知名商學院畢業之後，就被安排到自家的公司工作，準備接手家族企業。

但是，夕顏這次死活沒有再聽父親的話，在經歷了二十多年被父親支配的生活之後，她想要闖出自己的一番天地。

她不顧家人的反對，和幾個朋友一起開始做自己的化妝品品牌。家族的資金支持，以往累積的大量人脈資源，看起來，一切都水到渠成。然而，不到半年的時間，由於研發投入過大，產品缺乏市場認可，公司虧損了上百萬元。

八個月之後，夕顏的公司宣布破產。

聽完這個故事之後，小李沉默良久，問道：「那大學畢業之後就創業，真的行不通嗎？」

我對他說：「我不建議你畢業就創業，因為你並不熟悉公司內部的規則和權利關係，對於產品研發和成本把控也沒有任何經驗。以這樣的狀態去創業，八成會失敗。」

「那我應該怎樣才能創業呢？」小李追問。

「你可以先進入一家同行業的公司工作，如果你選擇大公司可以學會經營管理、累積資源、學習標準化的管理流程，進入小公司則可以學本領，分析、體驗工作過程和累積創業經驗。」我回答道。

先試著成為投資人

想要創業，可以先進入投資銀行當一名投資經理。在投資的過程中，你可以大量瞭解創業計劃、創業的整體流程，找對創業方向、累積投資圈人脈關係，並且能看到哪些計劃是最熱門的，哪些計劃是容易失敗的。可以以投資人的視角和身分，重新學習和看待創業這件事情，你不會再像以前那樣霧裡看花、視角單一。這樣，你在創業的時候，成功的可能性就會很大。

夕顏的故事還有後續，我分享給了小李，也想在此分享給閱讀這本書的你。

夕顏在做化妝品失敗之後得出一個經驗：如果對某個行業缺乏全面且深度的瞭解就直接創業，那簡直開啟了「地獄級」的難度模式。她打算重新開始，這次她不再盲目地投資，而是去了萊雅集團工作。

她在公司的各個部門之間跳槽，全面瞭解化妝品的研發和行銷。像萊雅這樣的大公司，在做產品時，需要投入大量的資金推陳出新，要經過不斷地自我否定，不斷地嘗試新品，才能成功研發出爆款產品。她回頭想想，自己當初創業的那套思路，根本就行不通。

在瞭解了化妝品大公司的運作模式，以及自身的缺點之後，她決定借助短影片的風口（指趨勢）做自有品牌。於是，她從萊雅離職，進入大型短影片平臺公司工作，瞭解大平臺和商家，以及短影片、流量端的經營模式。

在全面瞭解化妝品和短影片流量平臺的模式後，夕顏並沒有著急創業，而是開始做投資人。她打通所有的投資人脈，累積大量投資銀行的關係，為自己後來的創業計劃找到了資金。

夕顏用五年的時間，完成全部的創業準備工作。她開始了第二次創業，現在她創建的化妝品品牌已經做出很多人氣商品，第二次創業獲得了成功。

想要創業成功，並非無章可循。從夕顏的經歷當中，我們可以總結出以下經驗：

第一步：進行創業準備，累積訊息資源

這一步主要是進入創業目標行業的頭部企業，學習對方的經營模式。在工作過程中，你要明確自己的目標，盡量把對你創業有幫助的職位都瞭解一遍，這可以幫助你找到創業當中需要避開的坑，以及自身計劃的差異化優勢，同時可以有效地幫助你累積資源。

第二步：成為投資人，累積行業人脈，尋找創業機遇

商業機遇的發現，則可以透過投資人的角色獲得。在投資當中考察同類競品，並且為自己的創業打好基礎。

以上的經驗，雖然不能保證你創業百分之百成功，但一定可以幫助你提高創業的成功率，少走很多彎路。

如何利用外部資源幫你變現？

在一次直播當中，一位叫做浩哥的粉絲跟我講述了他創業的經歷。

浩哥一直做建材生意，但是最近幾年建材行業不景氣，所以他決定轉行。他給自己設定了一個目標，要創建一個大家都需要的產品，然後用這個產品融資，在吸引一定的資金之後，把公司打包賣給別人變現。

什麼產品是大家都需要的呢？浩哥選定了大米。

第一步，他開始查閱資料、蒐集資訊，並和農業相關的朋友進行多次溝通，最終選擇了最適合大米生長的產地。

第二步，他對產品進行跨行業的包裝，並請清華大學的專家檢驗大米的品質，為他的品牌背書，同時給大米做了許多包裝故事。

第三步，認真地經營公司，盡量讓財務報表和營業額更漂亮。

以上的三步之後，經過兩輪融資，浩哥就找到了接手公司的人，然後退出，實現了股權變現。

你可能會認為，公司已經做得這麼好了，轉手變現多可惜啊，萬一公司上市呢，錯過了豈不遺憾？

當然不是，因為浩哥從始至終的創業目標都非常明確，那就是以最快速度變現。他的創業經歷之所以讓我印象深刻，就在於他做創業決策的方式與其他人有著明顯不同。他是先定下創業目標，然後從目標倒推，邊實踐邊總結，在創業的過程中尋找機遇。

這種做決策的方式，我稱為「逆向決策」。其可以用以下公式表示：

逆向決策＝確認目標＋調動資源＋實踐糾偏

這個公式的核心在於，先找到你的創業目標，然後調動所有的外部資源向目標靠近。在靠近的過程中，你還要不斷地調整方向，以免走偏。

很多企業家都喜歡用逆向決策的方法。比如史蒂夫·賈伯斯在研發蘋果手機之前，並未確定自己要做的產品是觸控螢幕的，而是希望製造出一款產品，讓用戶的雙手按在手機上，就像撫摸肌膚一樣舒適，由此他才產生發明觸控螢幕產品的想法。

逆向決策法特別適合那些想要創業，但是沒有具體計劃的創業者。你可以嘗試從目標倒推，找到你的創業方向。

如何找到最適合自己的決策方案？

世界上並不存在完美的決策方案，適合你的決策方案才是最好的。在尋找決策方案之前，你必須先瞭解你是哪種類型的創業者。

我把創業者分為社交型和非社交型兩類。

社交型的人由於交際廣泛，獲取的資訊、人脈資源很多，面臨更多的選擇。社交型的人在做決策的時候，要學會做減法。因為一個人不能專注於一個領域則難成事。

非社交型的人與社交型的人恰好相反，他們需要學會做加法。他們要走入人群中，鍛鍊自己的社群思維。如果沒有社交，決策的機會就少，必須打開自己的交際面，才能得到更多的決策機會。

決策不能只靠道聽塗說就一時衝動，要分辨資訊的正確性。當你不瞭解一個行業的時候，所謂的機遇都是陷阱。決策是個很複雜的過程，必須有一套行之有效的決策流程，才能避免決策走偏。

決策流程包括以下四步：

第一步：充分蒐集資訊

好的決策首先要充分蒐集資訊，但是不要著急做決策。

第二步：找行業中優秀的人交流

找行業中優秀的人交流，是決策之前的必經步驟。優秀的人不一定有多少專家頭銜，而是必須自己實踐過，並且不告訴你瞎話的人。在交流當中，我們盡量謙虛一點，與他們維持好關係，最大限度地瞭解行業的真實狀況。然後，他們會告訴你，應該避開哪些坑。

第三步：分析自身的優勢和劣勢

第一步和第二步進行完之後，你已經基本掌握了行業資訊。這時，你需要對自己的情況進行分析。如果你的優勢正好是行業所需，則可以進入這個行業；相反，則要果斷放棄。

第四步：做出決策

比如，我在看到短影片的風口之後，並未急著進入這個行業；而是最大範圍地蒐集相關資料，把各個短影片平臺進行分析和對比。

另外，我找行業裡優秀的人深談過很多次，問他們怎麼才能做好短影片，做的過程中有什麼問題。得到的反饋有，做短影片需要投入95%的精力、團隊要自己找不能外包等。

接著，我對自己是否有特點、具有哪方面的天賦，都進行了詳細分析。在這些事情都做完之後，我才決定投身短影片行業。

總之，學會利用外界的一切資源，包括人脈資源和訊息資源，為你的目標服務，這是創業者的必修課。

接觸不同行業的人，幫你捕捉新風口

小時候聽過這樣一則故事。村子的道路旁邊有兩棵李子樹，村裡的孩子都想吃樹上的李子，但是沒有人知道哪棵樹上的李子是酸的，哪棵樹上的李子是甜的。

一個小孩看了看一棵樹下的小路，指著這棵樹說：「甜李子就在這棵樹上！」小夥伴們摘下樹上的李子一嘗，果真如此。

看到這裡，你肯定會說，這不就是「桃李不言，下自成蹊」的故事嗎？這和風口有什麼關係呢？

請你認真想一想，如果把李子樹比作風口，把創業者看成摘李子吃的小孩子，那麼大多數人都去摘李子的那棵樹，它的果子真的是甜的嗎？

我看正好相反，當風口越大的時候，留給創業者的機會越小。因為市場資源是有限的，越多的人參與競爭，你能獲得的資源就越少。

就好比一棵樹上的李子只有一百顆，別的孩子摘走了一大半，留給你的就只剩下酸澀乾癟的李子了。

如果你在選擇創業項目的時候，總是追著風口跑，那麼得到的可能就不只有酸澀的李子，還有創業失敗的苦果。

當然，我並不是讓大家在創業的時候完全忽視風口的存在，而是希望創業的小夥伴們都能具備一雙發現新風口的眼睛，盡早踏入風口行業。

二〇一二年，我跨入人生的新篇章，選擇連續地自主創業。創業五年後，我簽約了兩百多個網紅，我的 MCN 公司蒸蒸日上，但就在這時，我下定決心從幕後走到臺前，自己拍攝短影片，自己也當網紅。

所有人都反對我：「哪有老闆跑去當網紅的?! 大家平時白天接觸老闆已經夠了，晚上放鬆一下看影片還看到老闆，肯定沒人愛看，做不起來。」

結果是，我用了兩年時間，吸引了全網千萬粉絲，做了大家口中「不一樣」的老闆。

我自認為我的決策還是比較超前的，對於新的風口，也有一定的嗅覺。

如何發現新風口呢？建議你在創業的過程中，多接觸不同行業的人和事。對於風口要有預判，要用好奇心去與人交流來發現商機。不要去追那些已經被大多數人知道的風口，因為當你身邊的很多人都已經發現這個風口的時候，恐怕早已經沒有風了。要在剛開始的時候，進入這個領域，要讓自己具有更加敏銳的嗅覺。

舉個例子，我發現短影片風口的時候，並沒有刻意去關注這個領域。那個時候短影片的概念才剛剛興起，我在健身房裡和其他顧客聊天的時候，發現短影片是個有潛力的行業，我猜測它很可能是個風口。於是，我轉型做短影片創作。

即使你不是創業者，也同樣有發現風口的方法。你可以選擇去風口公司工作，瞭解風口公司的經營模式，然後創建自己的公司。比如，你想抓住直播風口，你或許可以去一些帶貨主播的公司工作，在瞭解公司的運作模式之後，自己開始嘗試直播帶貨。

發現了風口之後，並非就萬事大吉了，你還必須瞭解風口、利用風口，才會獲得最大的收益。風口帶來的機遇，從來不會留給因循守舊的人，而是留給行業的破局者。

你若在面對風口的時候患得患失，就會失去機遇。即使自身能力再強，也需要擁抱變化。例如，在智慧型手機出現之前，諾基亞手機一度壟斷了全球三分之一的手機市場。但是，在智慧型手機出現之後，諾基亞這位昔日的巨人轟然倒地，身體還留著餘溫。

反觀發明了智慧型手機的賈伯斯，其領導的蘋果公司一開始是製造桌上型電腦的。賈伯斯在看到了手機市場的巨大潛力之後，立刻轉型研發智慧型手機。他既成了行業的破局者，也成了風口的最大受益者。

最後，面對風口，不但要有發現機遇的慧眼，還要具備破局者的思維和勇氣。畢竟，李子是甜還是酸，只有吃下第一口的人才會最早知道。

精準捕捉資訊，進行前瞻性決策

決策的前瞻性，並不取決於你對未來的掌握，因為哪怕是最好的投資人和創業者，也無法準確地預測未來。我們對於未來機遇的掌握程度，恰好源於你曾經做過的事情。以往的經歷、客戶、平臺，都可以成為你獲取新資訊和新創意的幫手。

還是先拿我自己舉例子。

我先聊聊我的第一次創業經歷。我曾經在一家主營高端旅行的平臺公司的市場部做商務拓展（Business Development, BD），在與一家影視公司的副總聊天中得知，中國兒童電影分級不成熟，這就導致中國的兒童電影市場上好電影很少，所以在那個時候，很少有家長帶孩子去看電影。電影院因為兒童電影票房差，也很少給這類電影排片，這就導致入座率更低，行業陷入了死循環。實際上，我們都覺得兒童電影在中國有著巨大的潛在市場，只是沒有得到挖掘。

針對這個問題，我提出了自己的設想：先讓觀眾在APP上預約；當預約滿了之後，再包場看電影，並且給觀影的孩子提供專屬飲品、零食、小小兵3D眼鏡、電影周邊產品等；同時，給孩子們提供現場主持人和互動環節，以及配套的線下服務，讓看電影變成了一次家庭、好友聚會，兒童社交活動。

先預約再觀影的模式，降低了電影院排片的風險程度；全方位的服務，最大限度地增加了用戶的黏著度，留住了大量的長期客戶。這個商業模式推出之後，立刻受到了許多家庭的歡迎。

我能成為現在的「網紅老闆」，其實也是緣於以往的經歷，甚至是並不那麼成功的經歷。

在做兒童電影 O2O 計劃之後，我又轉型做了關於產後恢復的 O2O 創業計劃。雖然這個計劃出於各種原因失敗了，但我在做計劃時，結識了一位客戶，她是一個分享型的育兒網紅部落客。在和她閒聊的過程中，她分享了自己的執行步驟、遇到的問題，以及她的變現模式。那個時候，專門做網紅服務的公司很少，看到了這個行業的勢頭，我立刻決定轉型創辦 MCN 公司，並且走上了打造網紅、為網紅提供供應鏈電商變現的道路。在這個行業，我算是比較成功的。

機遇無處不在，在聊天中可以看到機遇，跨行之後可以看到機遇，好的商業點子都是碰撞出來的，一個外行人，反而有可能擁有獨闢蹊徑的視角，提供更多不一樣的思路。商業機遇也從來不是計畫來的，而是隨機捕捉到的，你必須讓自己保持絕對敏感的商業聽覺和商業嗅覺，才有生存空間。

機遇也不是等來的。看到我的例子，你可能覺得我找到創業的機遇純粹是偶然的，但在商業的世界裡，一切偶然的背後都隱藏著必然。如果沒有長期地經營人脈資源，我不可能在閒聊中瞭解這麼多有價值的資訊。

所以，我建議每一個人都要盡量與各個行業的人交朋友，在向別人展示你的價值的同時，挖掘對方的價值。當下的商業環境中，只有主動出擊，才能瞭解更多的商機。

你可以先用非功利性的方式，主動建立自己的商業人脈網。想做什麼事，就和什麼人待在一起。當對方覺得你是個可靠的好人時，他一旦有機會，就會第一個想到你。

即使你是個普通人，也需要把自己包裝得不普通。先做好自己的普通工作，把普通的工作做到不普通，當你成為自己業務領域的專業者，別人同樣也會認可你。這樣，在別人眼中你便有了價值，你就可以得到更多有效的訊息資源，從而挖掘出更多的機遇。

我和一百零一個投資人

我的創業路，離不開外界對我的幫助，大家都說：「李楠，你真幸運，總是能遇到貴人。」我想說，我的確很幸運，但這些好運也不是從天而降的。

1

至今我還記得我的第二次創業經歷。

當時，我發現市場中沒有產後恢復的上門服務類的專業機構，於是決定選擇這個跑道創業。家裡人幾乎全部反對我，因為我那時已經有八個月的身孕，加上第一次創業失敗的經歷，他們認定我這次創業也很難成功。

經過我的軟磨硬泡，老公終於同意我再次創業。我們拿出一百萬元，但是他和我談了一個條件，那就是這些錢一旦用完就不能再投入了，到時候無論成功與否，都要及時止損。

果然，這些啟動資金很快就花完了，我意識到自己必須要去融資。就這樣，我逼著自己挺著肚子去見投資人。而那個時候，我一個投資人也不認識。

我先篩選了一遍朋友圈，找到那些有投資人資源的朋友，請他們牽線搭橋，並且承諾一旦融資成功就給他們報酬。之後，我請他們給我一些簡單的指點，比如見面時候的注意事項、如何寫商業計劃書（Business Plan, BP）、如何路演（Roadshow，說明會）等。

一切準備就緒。

2

透過身邊朋友引薦，我連續見了二十多個投資人，結果很失敗，沒有一個投資人願意投資。有人看到我挺著肚子，我的 **PPT** 都還沒來得及打開，就擺擺手讓我回去。我也理解，孕婦的身分讓投資人覺得不可靠——萬一計劃做到一半，就回家生孩子了怎麼辦？

有一次，一個天使投資人機構的負責人邀請我參加她們組織的女性計劃下午茶，但對方得知我是孕婦，直接婉拒。她對我說：「孕婦是不能參加這次聚會的。」即使我強烈表達了想參加的意願，對方也給予直接拒絕。這種直接的歧視，讓我始料未及。

即便如此，我也沒有選擇放棄。我不斷地嘗試，不斷地約見新的投資人。每次失敗，都請求對方再幫助介紹一位投資人朋友給我。那段時間，我不是在見投資人，就是在見投資人的路上。

3

在某個深夜十二點鐘，朋友給我打電話說，有個投資人來北京出差，一整天都在酒店大廳看企劃案，這時可以給我一次面談的機會。這是我見的第一百個投資人。

我趁著老公出差、家人還在熟睡當中，躡手躡腳地起床，偷偷跑到了酒店大廳。見到投資人之後，我馬上向他介紹了自己的計劃。

投資人聽完之後對我說：「你的這個計劃本身存在問題，即使採用線上線下結合的方式也很難，而且地域侷限性大，需要長時間的經營期。你現在這個身體狀態，肯定無法執行這麼大的計劃，我覺得沒有一個人會投資你的計劃。說實話，我是看到你大半夜還跑過來，挺不容易的，所以才給你這個機會展示方案。但很抱歉，我必須告訴你這個事實。」

面談結束，我拖著疲憊的身體走出酒店，淚水在眼眶裡打轉。我問自己，李楠，沒有任何一個人會投資你，你真的還要繼續嗎？

毫無意外，我擦乾眼淚繼續前行，經過投資人的相互推薦，我結識了黃曉明以及他的投資公司負責人。但是孕婦的身分，讓我在接連幾次的溝通中都沒能如願拿到投資，直到我生完孩子的半年後，我自己組建團隊，並開發了網路預約平臺，開展了北京業務後，我再次找到黃曉明的投資公司，這一次我拿著業務和數據，用堅持不懈和不放棄，得到了對方的認可。

都說計劃早期投資的是創辦人本身，那麼我很好地驗證了這一點，終於用業績及堅持感動對方，拿到我的第一輪種子輪投資，他就是我見到的第一百零一個投資人——黃曉明先生。

我得到了這筆投資，立刻把產後恢復的計劃推動及擴大，而且做得還不錯。我的第二次創業，以成功開啟。

所有成功的創業者背後，都有一個心酸的故事。創業不僅要面對激烈的競爭，而且會在各種困難的情況下做出抉擇。

我常常跟朋友說，創業者就像是一個守夜人，必須學會用你的左手溫暖右手，熬過漫長的冬夜，才可能看到黎明的曙光。當然，你的付出一定會被外界感知到，你終將遇到你生命中的貴人，他會在你需要的時候，拉你一把，和你一起前行。

Chapter 2

有效連結：如何升級你的關係網絡

「認識更多的人」，並不意味著你和別人產生了真實的連結。如果你找不到有效的路徑，參加再多活動和聚會也是徒勞。

真正的有效連結，是做真實的自己，洞察對方的需求，並依照「共識原則」，找準共同的利益點和目標，建立深度聯繫。

關係連結公式：如何從無到有建立商業聯繫？

你被老闆派到了一個陌生職位，既沒有可靠的人脈資源，也沒有經驗豐富的老員工帶你，而你還必須在很短的時間內做出業績，面對這樣的「地獄式開局」，你該怎麼辦？

這是很多人都遇到過的難題，尤其是對於沒有半點資源的職場新人，這相當於接受了一個不可能完成的任務。

我在經營 MCN 機構的時候，就是從產後恢復行業轉型的，可以說是沒有一丁點現成資源可以利用。但是，我僅僅用了半年的時間就打開了局面，後來簽下兩百多個網紅。

我是如何做到的呢？

我認為，人最大的本事就是「無中生有」，資源都是慢慢磨出來的。

要從無到有獲得資源，可以嘗試使用一個「關係連結公式」：

資源連結＝搭建人脈＋識人＋設定共同目標＋以點帶面

進一步拆解這個公式，主要包括以下四項要點：

第一步：主動出擊，搭建人脈；

第二步：快速識人；

第三步：設定共同目標，製造共贏的機會；

第四步：認識樞紐型人物，以點帶面打開資源。

下面舉個例子。

第一步：主動出擊，搭建人脈

你去參加一場商務會議時，如何能夠結識人脈，找到自己想要的資源呢？

說說我的例子。

首先，如果我想要認識某個目標人物，我一定會提前做好這個人的背景調查。他是做什麼的，公司怎麼樣，他近期有沒有在媒體發言，講了什麼訊息；他的愛好是什麼，有沒有什麼忌諱……一切你能搜索到的訊息，盡可能做個瞭解。

如何和他搭上線呢？我的建議是主動出擊。

比如，我想和一個非常有影響力的×總進行合作，並且想辦法和他的助理聯繫上。助理告訴我，×總實在是太忙了，不過他今天會參加一個行業論壇，到時候可以看看他是否有時間。我立刻去參加這個論壇，在嘉賓分享全部結束之後，大家都在酒店的大廳裡各自攀談。

我意識到，如果我一直在這裡乾等，那麼很可能直到×總離開，也沒有機會。

我必須主動出擊，於是我徑直走到×總跟前，眼神堅定而誠懇，對他說「您先忙，我等您」，一邊說一邊微笑著點了點頭。

記住，跟人說話的時候眼神很重要，一定要足夠堅定，帶著一種力量，不能飄忽不定、畏畏縮縮。

「您先忙，我等您」這句話的目的，就是在初次見面時激起對方的好奇心，同時為後續的溝通做好留白，讓對方的頭腦中建立起對你的初步印象。

第二步：快速識人

搭上人脈關係之後，你需要對溝通的對象進行判斷，也就是識人。

比如，你談話的對象如果是個急性子，那麼你的談話最好開門見山，避免由於拖沓引起對方反感。

如果對方是個謹慎的人，那麼你就需要寒暄幾句。你與他可以聊聊剛剛行業論壇上的內容，找個共鳴點或者共同話題，為接下來的切入正題做好鋪陳。

第三步：設定共同目標，製造共贏的機會

設定一個共同的目標，是建立人脈資源最重要的一步。很多人在見面之後和對方聊得熱烈，但是很難推進下一步的合作，問題就在於沒有設定共同的目標。

如果你想對接資源的話，可以告訴對方你有什麼，能夠給對方帶來什麼，希望和對方合作什麼。

比如，我有非常不錯的平臺流量資源和成熟的供應鏈，您有多年的行業經驗，我希望和您深度合作，讓彼此共贏。

如果你想透過對方結識某個重要人物，可以對他說，我想認識誰誰誰，希望得到您的引薦。我可以給您和對方提供平臺流量及供應鏈資源，也可以共享大量的優質客戶，三方共贏。

當你拋給對方一個具體的任務之後，他就會開始衡量合作的輕重利弊，並且有可能開始行動。注意，你也可以透過這件雙方共同做的小事，來判斷對方是否可靠。

第四步：認識樞紐型人物，以點帶面打開資源

認識一個行業裡優秀的人，就可以獲取許多資源，這對於拓展資源而言非常重要。你可以特意去找那些樞紐型人物和機構，如律師、商學院、仲介、銷售、平臺方等，逐漸將這些變成你的管道。

當你在商業會議上結識了一個樞紐型人物且得到對方的微信之後，你們可以約定相互拜訪。當你們的聊天逐步深入，對方如果向你提供資源，你可以伺機請對方創建群組聊天對接。透過這個人結識一群人，這樣就實現了以點帶面的突破。

最後，我用一個例子演示一下我是如何運用這個公式的。

我在參加平臺活動時，想要結識一位嘉賓，希望向這個人學習如何直播帶貨。活動結束之後，許多人圍著這個人加微信，這時我並不著急，而是對他說：「您先忙，我等您。」

等他周圍的人散去之後，我走上前去對他說：「整個分享的嘉賓裡，只有您分享的部分真正打動了我。」

對方連忙說：「過獎過獎，您是？」

我說：「我們在一個群組裡，但是沒加微信。」其實之所以這樣說，是想說明我和他在圈子或者業務上是有交集的，從而迅速拉近雙方的距離。接著我拋出共同目標：「我知道您的公司有直播培訓的業務範圍，我想成為您的合作夥伴（甲方）。」

對方聽到之後，主動加我的微信，並且和我約定後續見面的時間。之後，我參與他企業中的相關培訓，並與他展開更加深度的合作，達成了我心目中的目標。

以上就是我在參加一場商業聚會時，利用「關係連結公式」獲取資源的方法。

透過有效的關係，獲取有效的資源

分享一個大家可能耳熟能詳的小故事吧。

《紐約時報》的記者在一次採訪中問巴菲特：「您認為是什麼造就了您這位商業鉅子？」出乎意料的是，巴菲特並沒有回答是因為他的商業導師葛拉漢，或者任何一個成功的投資策略，而是毫不猶豫地回答：「高爾夫球！」

小時候的巴菲特在一家高爾夫球俱樂部打零工，看到那些富人徜徉在高爾夫球場的時候，他總是問自己：「我怎樣才能像他們一樣成功呢？」

在觀察這些高爾夫球場上的富人後，巴菲特發現很多人並沒有將高爾夫當成一項單純的運動，而是做為獲取資源的一項工具。他們可以在打球的同時，發現一個又一個商機，也可以給自己的孩子對接更好的教育資源。有的人甚至在打了一場高爾夫之後，就談成一筆上百萬美元的生意。

那些背著高爾夫球袋的富人，組成了一個隱形的關係網。凡是加入這個「俱樂部」裡的人，都可以相互交換他們想要的資源。

於是，巴菲特改變了自己的工作方式，他不再只專注於小球僮的打雜工作，而是有意和那些成功人士建立聯繫，把這份工作當成自己結交成功人士的契機。

那時候的美國正好處於「二戰」後的復甦時期，股票投資市場方興未艾。很多股票投資人都會在股票收盤之後，來高爾夫球場打球。

巴菲特會在這些投資人來打球之前，將準備工作做得很細緻。他會試驗每一個坡度的球速和方向，每天巡視一遍球場，會為來打球的投資人選擇最好的打球位置，讓他們贏得每一場比賽。

投資人也開始注意到巴菲特，並且逐漸喜歡上這個孩子。這些人當中，有一位股票投資人很喜歡在打球時與巴菲特聊天，並且和他說說自己的股票交易策略。

巴菲特也在和這位投資人的交談中，建立了對股票的初步印象。直到晚年，巴菲特還回憶道：正是那位投資人，為我揭開了股票投資的神祕面紗。這也正是巴菲特將自己的財富成就歸功於高爾夫球的原因。

那時的巴菲特還是一名寂寂無聞的小小球僮，卻透過這份看似卑微的工作，累積了自己的第一筆資源——對股票投資的認知。

貧困不僅僅意味著沒錢，還意味著你無法與那些能幫助你的人建立聯繫，沒辦法從人際關係網中獲得資源。如果你想改變自己的現狀，就必須敢於主動去挖掘資源。

學會給關係分類

什麼樣的人更容易獲得外部的資源呢？

與巴菲特一樣，那些容易獲得資源的人，往往都是有心人。你需要用心地籌劃你的行動步驟，有計劃地去識人、識資源，與資源方建立聯繫。

所謂識人、識資源，就是你要能判定這個人有你想要的資源，你能夠和這個人建立深度連結，和他展開長久的合作。這是獲取資源的第一步，也是最難的一步。

生意場中充斥著各式各樣的資訊，各色人等都會粉墨登場。面對複雜的商業資訊和人際關係，若你不具備分辨的能力，就很容易「踩坑」。因此，你只有在明確對方真的有你想要的資源，並且能夠相互信任的時候，你才能更加高效地建立關係。

你可以嘗試在接觸資源方之前，充分做好背景調查。從他過往做過的事情入手，瞭解他的真實實力以及所掌握資源的具體情況。也可以從他身邊的人著手做調查，看看這個人的口碑。如果在背景調查的時候發現這個人的瑕疵，那麼就要在接觸的時候更加小心。

在蒐集足夠多的資訊之後，你需要將這些資訊分類。按照資訊的類型，採取行動步驟。例如，你可以按照資方的信用程度，將他們分為高、中、低三個等級，然後優先考慮與人品好、可靠的人打交道。

如何打造「高端關係」？

在確定對方是你想要對接的人之後，在溝通的過程中，你要讓對方看到你的閃光點，讓他知道你可以在某些方面幫助他。

比如，我的一位朋友很擅長寫文案，而有個老闆因為業務拓展，正好需要文案高手。他就以此做為突破口，免費幫那個老闆寫出一份高品質的文案。老闆認為他非常可靠且值得信任，和他建立了長期的合作關係，並主動提供資源幫助他。

和這樣的人打交道，需要投入足夠的時間和精力，也需要找到合適的契機。比如，你可以創造機會讓別人願意主動幫助你。你約的重要對象遲到了，你要感到很開心。你可以告訴他：「有機會等待您，是我的榮幸。」這時他會覺得對你有點小愧疚，後面你們的談話會變得更加順利。

我在和一位央視主持人相約見面時，對方遲到了兩個小時。當這位主持人姍姍來遲時，我依然微笑著對他說：「感謝您從百忙之中抽出時間來和我見面，能和您見面，我真的感到很榮幸。」對方不好意思地笑了笑，很明顯，在接下來的談話中，我們進行得會更加順利。

此外，如果你想和有一定影響力和地位的人交往，除了讓對方看到你的閃光點，還需要成為他們的貼心人。這類人平時的工作很忙碌，並且內心大多也是孤獨的。如果你和他們有共同的愛好，願意傾聽他們傾訴，能給予他們理解，就很容易走入他們的內心。

怎樣與他人建立「強關係」？

有些剛踏入職場的年輕人問我：「楠姐，我經常出去參加業內聚會，但是那些大V、大咖、KOL根本不搭理我，我該怎麼辦呢？」

很多人誤以為拓展人脈就是不停地參加各種活動，不停地加微信，收集無數的名片。但是，如果你找不到有效的路徑，參加再多活動和聚會也是徒勞，別人根本注意不到你。

在商業聚會上，有些人可以收穫一大堆的客戶和資源；但是有些人看似加了一大堆人，卻無法和任何人產生深度的連結。像這樣的情況，我稱為「消化不良型社交模式」。

這是為什麼呢？因為那些善於拓展資源的人，將商業聚會變成了建立資源強關係的平臺；而有些人只是去「打醬油」，做的是無效社交。

如何驗證關係的有效性

兩年前，我去看望一位生病的合作夥伴，她躺在病床上向我展示她發的一條朋友圈，上面寫著：這兩天生病了，真的好難受啊！

這條朋友圈的下面，有許多人按讚和留言，祝願她早日康復。但是，現實中一個來看望她的人都沒有。

她十分感慨地對我說：「我平時朋友也很多，還算一個社交達人，我以為這些年自己累積的人脈資源已經很多了，但是在我困難的時候，真正能幫我的，只有你一個人。」

很多小夥伴都存在同樣的問題，感覺自己認識的人挺多的，但是在需要的時候，卻一個有用的都沒有。其實，這是因為你缺乏了搭建人脈資源的關鍵一步，那就是驗證關係的有效性。

關係的有效性，不能靠逢年過節的禮貌性問候來驗證，只有當你遇到事情的時候，才能真正得出結論。當然，有效關係也分為強關係與弱關係，並不是說我們與每個人都必須保持強關係。我時常覺得，那些逢年過節給你群發訊息的人都是弱關係，而真正的強關係反而不會在意這些表面化的禮儀。

強關係還有一個很重要的特點，就是會向你開放所有的資源，會向別人推薦你。他向別人推薦你的核心邏輯在於：「我相信你，我願意為你的信譽背書，我願意把你介紹給我的朋友。」這種信任是持久的。當你遇到矛盾的時候，強關係會站在你的角度為你考慮。即使你不能給予對方充分的利益，你們雙方的關係也不會打折扣。

與之相反，弱關係的維護基本上就在於你能幫對方解決什麼問題，它是依據需求建立的，必須要以價值交換來維持。

找到共同點，建立強關係

實際上，與他人建立強關係並不困難，你只需要掌握好一點，即找到你和想要建立強關係的資方的共同點。要知道，資源並不是一個抽象的概念，資源掌握在具體的人手裡。

你在拓展資源的時候，一定要從你想要對接的人入手，借鑑別人的優點，抱著向這個人學習的心態與其打交道。

值得注意的是，千萬不要試圖在一場商業聚會上，一下子和很多人建立連結，而是要花心思不斷挖掘優秀的人。比如，你在參加一場商業活動的時候，只需要加一兩個人的微信即可，這樣可以和這些特定目標形成強關係，勝過認識很多人。

搭建強關係最忌諱的就是貪多，你應該深挖每一個人的優點。如果你只是想認識對方，是無法和對方建立強關係的。你要尋找和對方的共同話題，以及雙方的共同點。比如，你們有共同的愛好，或者贊同對方的觀點等。這些共同點，就是你們的連結點。

我有一個朋友是學土木工程的，但是他對商業理論和攝影非常感興趣，尤其擅長人物攝影。於是，他利用業餘時間學習攝影技巧，並且經常參加一些商學院的課程和活動，在這些活動中免費擔任攝影師。

時間一長，經常在商學院上課的老闆們覺得他總是把大家拍得很美，在私底下就找他幫忙做客製化的人物攝影。

透過攝影，他結識很多老闆，受到大家的賞識。後來，有一個老闆的公司剛好有個職務空缺，那個老闆覺得他很合適，他就被挖過去了，薪資是之前工作的三倍。類似的例子在我身邊比比皆是。

你可能會覺得越是高端的人脈，越不好建立強關係。其實，越是位高權重的人，反而不太看重世俗評價標準下的一些成就，而是喜歡實在的、有趣的人，因為跟這樣的人相處，會讓他們得到放鬆。

你要做的，就是在和這些人建立連結之前做好功課，充分瞭解對方的資訊，找到你和他們的共同點，用你的真誠和對方溝通。

不過，強關係不是強求來的，而是累積來的，就像在沙子裡淘出金子一樣。你必須留心去維護和驗證你的人脈，讓時間幫你篩選出最可靠的人脈資源。

經營「弱關係」，拓展外部資源

成為受歡迎的人，能夠幫助你最大限度地吸引內部資源。接下來，你就要開始考慮如何拓展外部人脈資源了。我認為，在不同的人生階段，應當採取不同的人脈資源拓展策略。

在年輕的時候，要多結交弱關係。所謂弱關係，就是雙方相互認識，但是沒有深度交往的狀態。而強關係則是雙方彼此瞭解到一定程度，在某一個階段會進行利益捆綁，可以深度合作的關係。

有時候，弱關係往往比強關係更有用，因為弱關係可以幫助你突破既有圈子，掌握更多新的消息，給你帶來全新的商業機會。在年輕階段，最佳的人際關係策略是，認識大量來自各行各業的人，建立弱關係，組織起自己的人脈關係網絡。

在你的年齡超過三十歲之後，你的社交策略也要隨之改變。這時候的你不缺朋友，但是缺乏高品質的朋友。中年之後，你要進行更多的有效社交，將有限的精力放在更加值得結交的朋友身上。牛津大學的心理學家羅賓・鄧巴（Robin Dunbar）曾經得出一個結論：人的平均認知能力決定了一個人實際上只能在同一段時間內，最多與一百五十人保持穩定的人際關係。我們希望擁有很多很多朋友，但無論我們花多大力氣去經營朋友圈，我們的微信好友哪怕都加滿了，我們真正能夠有效維持的好友也無法超過一百五十人。

而且，人到中年，身體機能會逐漸下降，精力也會逐漸減少，你必須多建立有效的人脈關係。

比如，我的微信裡大概有五個名叫 Tony 的好友，有一次，我約其中一個攝影師 Tony 拍短影片。對方到達之後，我才發現我根本不認識這個人。原來是因為我微信裡的 Tony 太多，約錯了人。雖然我後來和那個不認識的 Tony 成為了朋友，但是這也無法彌補我損失的時間。

於是，我會定期整理我的通訊錄，遇到我實在想不起來的人，我就會發一則訊息：「您好我是李楠，很抱歉我想不起您是誰了，現在正在整理通訊錄，您能提醒我一下嗎？我給您加個說明。」

如果對方不回訊息，我也不會直接把他刪除，但接下來一定不會給他任何關注了。如果對方回覆了，我就會重新和他聯絡，建立新的關係。

而對那些在工作中有合作的關係，我會經常進行維繫。偶爾發個問候，朋友圈按讚，或者約出來喝個茶、送個小禮物等。

總結一下，年輕的時候，交友要廣撒網，多建立弱關係，並且交友要有自己的目的性（目的性不是功利性），為你多累積一些訊息和資源。人到中年之後，則要將更多的精力用於維護強關係，多結交那些志同道合的人、有希望成就你的人。

提升好感度的核心：做最真實的自己

堅持做自己，不要過度偽裝

堅持做自己，這個話題可能是老生常談，但非常重要。

一次直播連線，粉絲路路問我：「楠姐，我弟弟總是處理不好職場關係，沒人喜歡他，怎麼辦呢？」

她的弟弟是個職場新人，卻經常想把自己偽裝成「職場老油條」的樣子，看見主管就笑嘻嘻地湊上前去遞菸，偶爾還要扯上兩句公司的發展策略。

平時也經常往老員工的圈子湊，專門挑人家愛聽的話說。但凡開會，他都特別積極地展示自己的工作成果，而且言語間總是繞來繞去，最後把業績都歸功於自己的工作能力。

原本以為自己把公司的人際關係都維護得不錯，結果自己越來越被孤立，大家晚上聚餐居然都不找他。甚至有很多員工對主管說，這個新來的人不實在，千萬不能和他走得太近。弟弟很困惑，明明自己八面玲瓏，做得很好啊，為什麼會得到這樣的評價？

聽完這個粉絲的疑問，我不禁問了一句：「你的弟弟為什麼不去做他自己呢？」現在市面上有很多教別人如何受歡迎的課程，大到情商培訓，小到衣服穿搭。似乎只有把自己包裝成另外一個人，才能得到別人的認可。但是，事實真的如此嗎？

其實，成就越大的人，越希望你能夠給他們展現你最真實的一面。隨著我個人職業生涯的不斷進階，我遇到越來越多的成功人士，我有個很深的體會是，和這些人打交道的時候，他們很少表現出虛偽和做作，更多時候，他們是在展現真我。

層次越高的人，洞悉人心的能力越強，這大概是他們見過了太多的人吧。在他們面前，你最好不要耍小聰明，不要故意說華麗的漂亮話，否則會給對方留下圓滑、功利的印象。

所以，再好的偽裝也禁不住時間的考驗，想成為受歡迎的人，沒有嚴格的套路和公式，我最核心的建議是，請不要過分包裝自己，只要展現自己最真實的一面就足夠了。

不要去迎合別人

你有沒有碰到過這樣一種人，剛開始你覺得他特別難相處，說話和做事特別直接，完全不考慮你的感受。你不太喜歡他，也不太喜歡跟他打交道。但到後來你慢慢覺得，他可能就是這樣的人，並不是針對你。這樣的人沒有那麼多拐彎抹角，打起交道來也很放心。然後你就開始接受了他，開始接觸他。

透過進一步接觸，你突然發現他對待工作有自己的想法，並且你還肯定他這樣的想法。到了最後，你逐漸開始欣賞這個人了，甚至願意跟他交朋友。

可是還有一種人，一上來就誇獎你，恭維你，「親愛的親愛的」叫著。剛開始你覺得特別受用，聽著誇獎，還挺舒服的，滿喜歡他的。結果你發現他對每個人都這樣，再接著你會發現這個人並沒有你想像的那麼好。這個人八面玲瓏，甚至圓滑得很，如牆頭草一般，來來回回左右逢源，沒有自己的立場和觀點，你最終一定會討厭他，甚至放棄與他來往。

這兩類人就像兩棟房子：一棟的門口掛著告示，上寫「內場刀槍棍棒、火藥大炮，閒人請勿接近」。另一棟則寫著，「歡迎光臨，出入平安」，實際上屋子裡都是機關陷阱。

我想，明智的人都喜歡和前一種人打交道，因為我們每個人都渴望被真誠相待。對於那些擅長阿諛逢迎的人，也許一開始會讓你很受用，但是這種人一定很難長期相處，甚至要避免和他們共事。

我們的生活當中，從來不缺乏善於迎合別人的「鬼谷子」，也不缺那些喜歡使用各種話術的「行銷大師」，更不缺乏喜歡把事情吹噓得天花亂墜、口無遮攔的「懂王」（美國前總統川普的別號，調侃「沒有人比我更懂」的哏）。然而，我們更喜歡那些知行合一的人，這些人讓我們更有安全感，也讓我們更加放心地和他們共事。

因此，不要去刻意迎合別人，要保持自己的獨立人格，並且真誠地對待每一個人。請記住，真誠又能堅持自我，是每個做大事的人最終能成功的原因之一。

你真的會讚美別人嗎？

讚美別人可以提高一個人的受歡迎程度，但是你如果不懂得讚美的正確方式，反而會引起別人的反感。

請問，你在聽到以下「讚美」的時候，心裡是什麼樣的感覺？「美女你真漂亮！」「老闆你的工作能力實在太強了！」「真沒想到你的人脈這麼廣，厲害厲害！」我想，稍稍有些社會閱歷的人都能聽出來，這不是發自內心的讚美，而是典型的恭維。

我們生活在一個複雜的社會當中，偶爾恭維對方當然難以避免。但是，相比於讚美而言，恭維顯然更加難以打動人心。比如，我在過節的時候，總會收到一些人群發的祝福簡訊。我相信，當大家收到這種訊息的時候，大多數人不但不會感到高興，反而會覺得反感。因為覺得這個人很敷衍，平時本來就不怎麼聯繫，過節的時候還群發祝福，這顯然是沒把我當回事，而那些附有稱謂的客製祝福就顯得用心多了，讓人覺得更加舒服，能感受到對方的真誠。

恭維和讚美的區別就在於是否真誠，就像塑膠花和鮮花的區別，前者即使做得再鮮豔逼真，也很難讓人感到真實的美。所以，你誇讚對方的時候，一定要出於真誠，否則會起到適得其反的效果。

除此之外，讚美也需要講究技巧，一定要把讚美的重點放在別人取得的成績以及做過的事情上，而且盡量具體。

比如，在讚美一個人工作能力強的時候，可以說：「您做的××企劃難度真的很高，但是您卻能在短時間內完成，真的很讓我佩服！從您身上我學習到哪幾個方面（具體列舉）。」

當你把讚美的對象放在事上，而不是放在人上，對方才能夠感受到你對他的瞭解，以及你的真誠、真情實感。這樣才能讓對方覺得你的讚美非常受用。

如果你確實覺得自己笨嘴拙舌，不知道如何措詞，我教你一個最簡單的方法：一定要足夠真誠地微笑，盯著對方的眼睛，對他說：「真的很讚！」這種方法不一定會讓對方印象深刻，但一定不會出錯。

總之，想要成為一個受歡迎的人，一定要在交流中展現真我，不要去刻意迎合別人，而是要發自內心地讚美。用真誠去對待每一個人，你才能收穫別人的溫暖和善待。

「三個管好」公式：讓你成為更受歡迎的人

你上學的時候，班裡有沒有這樣的同學？他可能學習成績一般，長相也平平無奇，卻非常受同學和老師們的歡迎，班裡不論有什麼好事，大家都會想著他。

在職場中也是如此，總是有一些人，在公司裡如魚得水，好像可以輕易地獲得主管和同事的信任。這些受歡迎的人，總能比其他人更容易獲得機會，資源也總是會被他們所吸引。因此，要拓展人脈資源，你最好把自己變成一個受歡迎的人。

受歡迎的人，一般都有哪些特點呢？

我認為，主要包括以下三點：

其一，有著很強的業務能力，能解決別人無法解決的問題。有的人看起來沒有什麼過人之處，但是他一定具有這個特點，那就是喜歡幫助別人解決問題，急人之所急，這樣他自然能獲得大家的信任。

其二，對任何人都有親和力，脾氣和性格比較好，群眾基礎好，能夠團結人。

其三，情商很高。這類人不會刁難他人，也不會因為太強勢而隨意樹敵。但是，他們會讓主管知道，他們能幫助主管解決團隊問題。

比如，主管下達了某個不可能完成的任務，你會怎麼做？

有的人可能會直接拒絕主管，但是無論你的理由多麼充分，在你把燙手山芋丟出去的同時，也失去了主管的信賴。主管會覺得，這個人沒有擔當。

但有的人可能會對主管說：「這是我們責任範圍內的事，我們主動承擔責任。」

「這些是我的下屬，我能搞定這些問題，請主管放心！」像這樣能承擔、樂於幫助別人的人，在任何團隊內都是健康細胞，怎麼會不受大家的歡迎呢？

我有個同事小朱在部門裡特別受人歡迎，因為他非常樂意幫同事排憂解難。

有一次，一個客戶約好簽訂單的時間，但是時間到的時候卻爽約了。

部門裡負責這個訂單的同事急得額頭直冒汗，白白浪費了自己一上午的時間不說，這個訂單如果沒了，那這個月的 KPI（關鍵績效指標）肯定無法達標，整個部門都要受牽連。

小朱卻留了個心眼，並沒埋怨客戶，而是主動把這個棘手的事情攬了過來，告訴同事這個問題他嘗試去解決，並安慰同事不要著急。

小朱立刻打電話給客戶：「李總您好，您今天上午沒有來赴約，是不是遇到什麼事情了？有沒有我能夠幫忙的呢？」

「實在不好意思，小朱，我今天沒去赴約確實有事！」

「沒關係的，我們都能理解，那有什麼我這邊能幫忙的嗎？」

「我家的小狗突然生病了，保母又不在，我沒時間帶牠去看病，現在正發愁呢。」

知道了這個消息，小朱馬上叫車到客戶家，帶著小狗找到了一家寵物醫院。他把這件事情解決之後，不僅幫同事解圍，還給部門留下了一個大客戶，他之後的很多訂單也都來自這個客戶。

想要成為受歡迎的人，還應該記住以下「三個管好」公式：

受歡迎的人＝管好嘴＋管好手＋管好主管關係

一、管好嘴

不要說主管的壞話，不要說破壞團隊團結的話，因為你永遠不知道誰是主管的眼線。

我上次創業的時候，公司有個員工小慧能力出眾，但是特別愛傳閒話，經常拉著公司裡的姐妹一起竊竊私語。每次聊天的內容，除了娛樂八卦，就是非議公司主管。

公司的副總是妻管嚴，什麼都聽老婆的；營運部的總監是靠關係進來公司，自己沒有一點本事等，都是小慧經常念叨的話題。

小慧以為這些話都是說給姐妹們聽的，肯定不會被傳出去。結果公司每次評獎評優都沒有小慧的分。

上個月的業績評優，小慧又落榜了。她跑到主管辦公室鬧情緒：「我的業績明明高其他人一等，憑什麼業績評優沒有我？」

主管把她傳的閒話又原封不動地對她說了一遍，並告訴她，像她這樣的員工，即使業績再好，也是破壞公司團結的不安定因素。

結果，小慧在離職那天都沒想明白，原來自己大嘴巴傳出去的那些話，恰好是自己最信任的姐妹報告給主管的。

所以，管好嘴真的非常重要，「禍從口出」不僅是一句俗語，更是幾千年來的職場生存經驗！

二、管好手

不斷提升自己的業務能力，能夠解決別人無法解決的問題。

不管是主管還是同事，都特別喜歡能幫自己解決問題的人。哪怕是會做 PPT 這樣的小技能，也能讓你獲得主管的信任，以及同事的歡迎。

我公司的一個實習生小雷剛剛來公司的時候特別不起眼，其貌不揚還少言寡語，完全不能引起我的注意。

直到有一天開例會的時候，我發現那天的 PPT 和往常相比，不管是色彩、樣式還是架構，都發生了很大的變化。原本做得很粗糙的 PPT，突然變得精緻了。

我隨口問了一句：「這 PPT 不錯，是誰做的？」

不起眼的小雷舉起了手，靦腆地笑了笑。自那之後，我便對這個實習生有了初步的印象。

後來，小雷充分發揮自己的技術優勢，不僅網路爬蟲玩得很熟練，而且經常能解決一些短影片後期製作的難題。

慢慢地，這個當初不起眼的實習生，成了公司的技術「一哥」。

小雷並不善於交際，但是人卻特別受歡迎。其根本就在於他能用自己的專業能力，幫助主管、同事解決實際問題。這樣有「硬功夫」的員工，不論在哪個公司裡都能吃得開。

三、管理好主管關係

不要跨級別做事，不要因為自身的利益影響其他部門，而是用工作成果向上管理你的主管。向上管理主管是一門大學問，也是決定你受歡迎程度的關鍵一環。我們小時候都看過《西遊記》，其實孫悟空就是管理主管關係的典型案例。

當弼馬溫的時候，悟空覺得懷才不遇，遭到不公正待遇，只會用武力向天庭「越級彙報」。結果，一場大鬧天宮讓悟空被壓在五指山下整整五百年。但是，西天取經路上，悟空嚴格遵守彙報層級。遇到妖怪之後，先找土地，再找觀音，實在難辦才找如來。這看似是圓滑世故，實際上是在遵守職場的遊戲規則。既給足了各位主管面子，又把事情妥當地完成，堪稱一舉兩得。

向上管理也是有技巧的，相比於直接用言詞彙報，用工作成果向上管理你的主管才是更好的方法。你的方案一開始沒有被主管採納，這時候不要急著提出異議，而是等這版不合適的方案流產之後，再用心地將自己做出的全新方案提交，直至問題解決。

主管看到你的工作成果之後，自然對你的貢獻心裡有數，這比你的一份措詞精彩的報告更有用。

處理人情世故的水準，決定你人生的高度

一次商業合作結束之後，對方的負責人請我給他們的新員工做一次職場經驗的分享。在提問環節，一名年輕員工對我說：「楠姐，您闖蕩江湖這麼多年，您覺得什麼是江湖呢？我們這些初入社會的人，需要注意什麼呢？」

我沉思片刻說道：「剛踏入社會，這幾點要記住：不要高估你和任何人的關係，再苦再累嚥在肚子裡，沒人會同情你；小事要忍，大事要狠，不要輕易去相信任何人；靠誰都不如靠自己；做好自己的事情，不要在意別人對你的看法；答應別人的事要努力做到，別人答應的事聽聽就好。」

年輕人聽完之後說：「記住了，楠姐，社會好複雜啊！」

我笑了笑說：「選擇比努力更重要，做正確的事情，比把事情做正確重要得多。社會是一個利益場域，千言萬語一句話，江湖就是人情世故。」

有人的地方就有江湖，闖蕩江湖的過程，也就是處理人情世故的過程。

共識原則：如何應對複雜的人心

要處理好人情世故，需要怎樣做呢？我認為，首先應當遵循共識原則。

有一次，一個陌生人加我為微信好友，希望和我旗下的一個網紅見面聊合作。對方說他是從我的一個好友那裡要到我的微信，而且我的好友也向他保證能見到那位網紅。這個要求顯然違背了我的職業準則，我不可能同意。

這個問題不好處理的地方在於，如果我直接拒絕他，肯定會傷害到朋友的面子，我和朋友的關係可能也就走到頭了。但是，如果我答應他的請求，在商業上很不妥，這其中會存在較大風險。

我思考片刻之後，選擇禮貌地拒絕他。我對他說：「十分抱歉，這違背了我們的行業規則，恕我不能滿足您的要求。」我這樣處理，是因為即使拒絕他，我也不會有什麼損失，而且維護了我的職業操守。

那麼，我如何在拒絕陌生人的前提下，依然能夠維護和朋友的關係呢？面對這個困境，我首先想到的就是用共識原則來解決。

我打電話告訴我的朋友：「以後能否在把我的聯繫方式告訴別人之前，提前和我商量一下呢（問責）？你答應他的要求，確實違背了我的職業操守，所以我真的不能答應他（尋求理解）。但是，希望這件事情不會影響我們之間的關係，也希望得到你的理解，同時也請你向你的朋友再次解釋一下，後面歡迎他與我的公司繼續討論合作（尋求共識）。」朋友在聽完我的這番話之後，立刻表示理解，並且妥善處理好這件事。

以上的回答，我分了三步：

第一步是給朋友情緒壓力，向他問責；

第二步是尋求他的理解，解釋我的為難之處；

第三步尤為重要，這也是我這番話的目的，即告訴他：「我們依舊是自己人，你一定能幫我解決好這個問題。」這是為了讓他站在我的角度看問題，彼此達成共識，矛盾就解決了。哪怕他心裡還是有不滿，也會自己消化這種情緒，不會只怪罪於你，同時，他也會反思自己的問題。

人情世故複雜，因為人心很複雜，我們的應對模式也非常多變。但如果你非要讓我給出一個最簡單的方式，我會告訴你，你只需要掌握一個原則就能應對自如了。

共識原則的核心，就是把對方變成自己人，讓雙方為彼此著想。只有達成共識，才能產生共情，彼此才能有最基本的信任，一切矛盾也都更容易解決，在理智上，才能從共同的利益出發，找到雙方都能接受的解決方案。

不做「聰明人」，吃虧是福

既然達成共識是處理好人情世故的基礎，那麼如何達成共識呢？我認為，學會吃虧很重要。很多人把甘願吃虧的人看成傻子，我卻覺得願意吃虧的才是有大智慧的人。

我自己就常常做一些「吃虧」的事。比如我曾經和一位較有名氣的投資人合作時，並沒有在市值上面計較，而是主動降低市值，將更多的股權留給對方。因為我知道，相比於這些股權而言，投資人的影響力顯然是我那個階段更需要的。我只是犧牲了一點眼前的利益，換來的是更大的發展空間。後來的事實證明，我的選擇是對的。

還有一次，我與一家短影片公司的老闆談合作時，對方足足遲到了兩個小時。換作別人，也許會因為自己被怠慢而感到氣惱。但是我卻覺得心中竊喜，因為我可以利用對方遲到的愧疚心理談成這次合作。

那位老闆姍姍來遲之後，不好意思地對我說：「實在不好意思，讓你久等了，有什麼我能幫你的嗎？」

「您是前輩，我等您是應該的，很榮幸。」原本我希望得到他的投資，但是他婉拒了，我順勢拿出了我的 **BP**（商業計劃書），繼續對他說：「做為晚輩，特別希望能得到您對我這份計劃書的指導，是否可以請您幫我看看這份 **BP** 呢？」

對方點頭答應了，在看我的 **BP** 過程中，我趁機把計劃的優勢和能夠給他這樣的平臺公司的價值和盤托出，並把我此次想要引進的資金並不高這點體現出來。最後，這位前輩認可了我的計劃，認為有合作價值，我順勢邀請對方做我的創業導師，順利搭上合作關係，並最終得到了他的投資。

現在斤斤計較的「聰明人」很多，這些人看似占了便宜，實際上是輸掉了長遠利益。而那些願意吃虧的人，卻可以給人留下謙虛、厚道的好印象。請問，誰不願意和一個寬厚的人打交道呢？

即使對方占了你的便宜，他的心理也會產生愧疚感。而你恰好可以利用這分愧疚感，適時提出你的訴求，從對方那裡獲得更多的價值。

總之，江湖是由人組成的，說複雜也複雜，說簡單也簡單。你要想在江湖中闖出名堂，就必須學會處理好人情世故。而達成共識實現共贏，才是人情世故的最高境界。吃點小虧、放棄一點眼前利益，是達成共識的最好途徑。

人性洞察公式：透過細節和行為看透一個人

在年輕的時候，我們要建立更多的「弱關係」，但這並不意味著你要「來者不拒」。無論是日常交往還是商業合作，你都要有意識地對你的關係網進行篩選和優化，要有意識地做做減法，這可以幫助你減少「被坑」的機率。如何篩選呢？首先就要學會精準地識人。

尤其是有一些人，他們一直戴著面具生活，會在短時間內蒙蔽你。等到你發現他「原來是這樣的人」時，很可能為時已晚。

因此，我希望幫你練就一雙識人的慧眼。

你的眼睛會撒謊嗎？

很多人覺得我是個很剛強的人，但是我也有很脆弱的一面。

還記得我最初嘗試直播帶貨時，遭遇事業上的滑鐵盧，我陷入了對自我的否定。連續幾次直播，成績都不理想。有一次，我賣力地播了六個小時，但是由於不瞭解話術，直播間被限制流量，加上銷售經驗不足，我的銷售業績非常慘淡。

那場直播接近尾聲的時候，我難以掩飾自己的挫敗感，背過鏡頭眼淚忍不住流了下來。但還是被很多觀眾發現，我感覺很難堪，在直播間真情流露地說：「我一直學習直播帶貨，沒想到努力了一段時間還是做得不夠好。我覺得壓力很大，沒有忍住情緒很抱歉！」

我說的這番真心話並沒有得到現場觀眾理解，甚至有不少人留言說：「這個主播至於這樣嗎？這年頭，賣慘也不好用了！」「你做短影片圈粉，就為了收割粉絲的錢啊？你這也太假了吧！」

看到這些不友好的言論，我先是感到錯愕，但是迅速平復自己的情緒，對發這些言論的觀眾們說：「感謝你們的關注。楠姐希望你學習的不僅僅是影片中的實用經驗分享，你也可以看看我是怎麼接受新鮮事物、怎麼透過直播賺到錢的。而且，我會繼續學習直播帶貨，我還會在直播中帶好貨，分享職場經驗、做生意的經驗，還會推出相關的商業課程，對你會很有幫助。很抱歉剛剛讓你們看到了我脆弱的一面，剛才確實是我真實的狀態，你看到了一個真實的我。我想，只有朋友才會以誠相待。」

說完這番話之後，我直播間的熱度開始不斷升高，下單購買商品的人也開始多了起來。直播結束的時候，我的銷售額破了紀錄，取得開播以來的最好成績。

看完這個案例，你是不是感到很詫異？為什麼你真情流露、展示最真實的自己時，別人反而會覺得你假，在你使用了恰當的表達方式之後，大家卻紛紛買帳？

其實，每個人都無法看到事實的全貌，他們只能看到他們想看到的事。因此，你所看到的東西，並不一定是真相。這個道理可以給我們以下兩點啟示：

第一，你不能指望別人都能理解你，因此你要學會用最精準的語言來傳達自己真實的意思，避免誤會。

第二，我們無法輕易看穿任何人，這就要求你必須有一雙慧眼，在人際交往中最大限度地看破一個人的本性。

關於第一點，我在後文裡會提到。在這裡我先說說第二點。

人性洞察公式：透過細節和行為看透一個人

如何讓自己看穿一個人的本性呢？我給大家分享一個洞察人心的公式：

洞察人性＝細節＋行爲結果

你只需要掌握這個公式，就能看透絕大部分人。

這個公式包含了以下兩種方法：

第一種方法：運用細節效應

法國心理學家菲利普·圖塞在其著作《行為語言學》中指出，一個人的微動作、微表情可以準確反映一個人的心理活動。

比如，一個人缺乏眼神交流意味著對方內心感到不安，因此很可能是撒謊的前兆。而過長時間的眼神接觸，則是對方為了取信你所做出的假象，此時他的臉部肌肉會非常僵硬，眨眼頻率會大大減少。

又如，一個人在說謊時，他往往會關注所編故事的過程和結果，而忽視其中的細節。所以，我們可以透過在談話過程中突然提問一些細節來判斷對方是否在說謊。比如，你的伴侶說晚上在加班，那麼你可以問：「你晚上加班餓不餓？點了什麼外送？」透過這些細節可以很容易查證對方是否在說謊。

人類臉部有很多肌肉往往不能被自如控制，因此觀察這些肌肉，就可以判斷對方表情的真實性。比如眉頭就是一塊可靠的肌肉，通常人類是無法自如地控制這塊肌肉的，如果有人用語言和臉部表達某種情緒，但是他的眉頭沒有動作，或者延遲動作，那麼他可能是裝出來的。

除了透過動作和表情洞察一個人的內心，你還可以觀察他的行為習慣，來判斷一個人的本性。比如，你可以觀察他對其他人的態度。

曾經和我初次合作的一個代理商，他對我畢恭畢敬，熱情周到，來往時也很有素養。但有一次我們一起吃飯時，我發現他對餐廳服務生呼來喝去的。如果服務生上菜慢了一點，他就很不耐煩，甚至追出去破口大罵，這次飯局後，我立馬找理由終止了與他的合作。在生活中，對於這樣的人，我從來都會選擇敬而遠之，因為這種人缺乏對別人，尤其是身邊普通人的尊重，做起事來也往往沒有底線意識，你不知道他們哪天會給你挖坑。我堅信「以小見大」。

第二種方法：透過行為效應來判斷

一個人的語言容易掩飾他內心的真實想法，但是他的行為卻很難撒謊。佛洛伊德說過一句話：「任何人都無法保守他內心的祕密。即使他的嘴巴保持沉默，但他的指尖卻喋喋不休，甚至他的每一個毛孔都會背叛他。」一個人內心的祕密，也許能夠被語言所掩飾，但一定會透過行為表現出來。我們透過觀察對方的行為，就可以推斷出對方的真實意圖。

尤其在商業活動當中，看這個人的行為結果，可以很容易地判斷這個人是否值得合作。

我在開始轉型做 MCN 公司的時候，曾找過一個合夥人。他口才非常厲害，對行業趨勢的分析、商業規劃總是說得頭頭是道，而且他邏輯性強，很愛談理想，也總是拍著胸脯跟我說：「楠姐，你放心，把事情都交給我，我在這個行業很有經驗，一定不讓你失望。」

那時候新業務剛起步，我對於行業的一些概念也都似懂非懂，無法從和他的對話裡判斷資訊的真假，但是他的言語表情都顯得很真誠，所以我選擇無條件相信他。

後來，我發現他陽奉陰違，在我面前總是裝作一副非常忙碌的樣子，在背後卻經常偷懶。他竟然與公司合作的一個網紅談戀愛，還騙我說自己的父親生病需要照顧，請了半個月的假，但實際上是和那個網紅結伴去泰國旅遊了。

他們大約是按捺不住心中的浪漫和幸福，還在朋友圈發了遊玩的照片，雖然這些照片設定了對我「不公開」，但這個世界上沒有不透風的牆。

我回頭重新檢查他所有的工作，發現更多是在進行中，少數完成，可以說做得一塌糊塗，之前所謂的業績也完全是在裝樣子，我找到他談話，他表示都是公司方面的原因和下屬的原因，讓我看到了他的真實面目，他毫無擔當。然後，我果斷結束了兩個人的合作，而他也成了被我公司開除的第一個合夥人。

我曾無條件信任他，免費贈予他公司股份，為此我支付給他高達二十萬元的股份回購金。這次解約，我和他簽訂了競業條款，但他還是拿著我和公司的資源人脈跳槽到我的對手公司，開始挖我簽約的網紅，並到處造謠我不理解他父親生病而請假，曾剋扣他的薪水，然而他忘記了薪水和回購金的銀行帳單可以說明一切。至此，他的人品可見一斑。

在這件事情上，我也進行了反思。

為什麼我會被他蒙蔽呢？我想，這是因為我在選擇合作方時，由於瞭解不夠深入，對他缺乏長期的判斷。由於我那時剛剛轉型開始做 MCN 公司，對業務並不熟悉，因此存在資訊差，被他天花亂墜、一套又一套的「行業術語」所欺騙了。當我們無法從邏輯和語言上判斷一個人時，就只能從行為上判斷，我不敢說他對於行業的洞察是否準確，但他的行為和結果告訴我，他絕不是一個可靠的人，謊話連篇。

自從這件事之後，我再也沒有犯過類似的錯誤，我意識到，日久也許不能見人心，但「事久必見人心」。

人性複雜而且深刻，是一個永遠講不完的話題。但是，如果你想在生意場上看透一個人，不妨試試我的人性公式，也許會讓你在洞察人心上收到奇效。

共同做一件小事情

有時候，我也會用共同做一件小事的方法，觀察一個人的本性。因為在商業合作中，很多計劃尤其是比較大的計劃，往往都不是一下就能成功的。所以我們要跟對方先進行一兩次小範圍、小規模的合作，哪怕是一件微不足道的小事。

古人說過，見微知著，以小見大。很多成功都是逐步累積的，而信任感也是逐步建立起來的。所以當我們透過一同做一些小的事情，就可以逐漸瞭解這個人，可以看到這個人為人處世是什麼樣，他的做事方式、態度和節奏又是什麼樣，能否和自己契合。而在做小事的過程中，就能夠考察對方是不是可靠，之後要不要進行比較大的一些合作。

舉一個我身邊發生的例子。

我去參加我兒子幼兒園的一個親子活動，幼兒園隨機讓一些家長和小朋友組隊並與其他隊PK。有一個小朋友的媽媽跟我分到一組，我們兩人之前從來沒有合作過，這是第一次。

老師給我們安排一個任務，並在任務環節中設置一些小障礙，讓我們共同去完成。然後問題就來了，我發現這個孩子的媽媽在性格上有些強勢和急躁，遇到一些小問題就會非常著急。而且在任務過程中，只要稍微做錯一點，她就不管不顧地開始抱怨孩子們。

你看，組隊參與親子活動其實是一件很小的事，但是它會影響我對這個人的判斷。

後來機緣巧合這個媽媽找到我，因為她的工作跟我所在的行業有一些關聯，所以想要跟我合作。但是因為此前親子活動的經歷，我考慮再三，最後還是婉拒了。在商業夥伴的選擇上，我會非常慎重地考慮，如果遇到遇事急躁、輕易放棄或者發火暴怒的人，我是不會輕易與之合作的。

如果大家遇到這樣的情況，也要跟我一樣，謹慎選擇是否合作。

相反，如果這個人在與你合作的小事上做得很不錯，你就可以考慮進一步進行更大一點的合作，逐步地加深接觸，這樣對彼此也會更有保障。

Chapter 3

高效溝通策略：你可以打動任何人

人際交往的本質，就是溝通。我們利用溝通來處理工作，應對生活中的各種難題。

一個溝通高手，一張嘴就會讓人覺得親切、舒服，並且能用語言去撬動更多資源，獲得更多應得的利益，掌握商業談判和日常對話的主導權。

【溝通思維】

溝通能力是訓練出來的

前幾天，我給商學院的學員們做培訓，學員小L的表現讓我印象深刻。在小組討論的時候，他總是一言不發。如果有人主動找他說話，他不是鼻尖冒汗，就是用雙手不停地搓著衣角。有時候臉憋得通紅，但是說不出一句話。在一群學員當中，這個格格不入的小L顯得特別醒目。

我在課下和小L聊天的時候驚訝地得知，原來這個看似有溝通障礙的小L，不僅是一家創業公司的CEO，而且他研發的產品已經達到了上百萬的銷量。不過，正是由於自己的溝通能力太差，所以一直無法突破事業瓶頸。

小L怯生生地問我：「楠姐，像我這樣不擅長溝通的人，是不是因為缺乏和人打交道的天賦呢？」

我認為，事實並非如此。就拿小L來說，他是名校資訊科系畢業的碩士，工作之後一直做技術工作和產品研發，很少有和人打交道的機會。小L由於缺乏練習的機會，當然不善於溝通。試想一下，如果把你放到一個與世隔絕的荒島生活三年，然後再讓你突然進入一個滿是陌生人的商業論壇，不管你以前多麼能說會道，現在照樣會心生恐懼，感到手足無措。

那些擅長處理社交問題的人，是如何做到游刃有餘地與人溝通的呢？很多人認為，能夠與別人暢快地聊天是一種天性。這種說法看似正確，實則完全沒有道理。我們每個人都有與人溝通的能力，但是沒有一個社交高手是天生的，都是後天訓練的結果。如果你能夠下定決心，並且有正確的訓練方法，那麼你一樣可以成為社交達人。

有效溝通與無效溝通

我在創業的過程當中，遇到過很多特別會聊天的人。他們但凡和你說上一句話，就能聊個沒完。但是，我卻往往難以和這類人做成生意，或者達成合作，甚至在和他們打交道的時候，都感覺是在浪費時間。為什麼喋喋不休的人，反而溝通不順呢？因為他們顯然沒有理解什麼是有效溝通。

如果你在開始溝通之前，沒有弄清楚對方的需求，那麼你的溝通很可能是無效的。大概十年前，史丹佛大學教授托馬斯．哈勒爾在對傑出校友的研究中發現，許多校友取得成功與他們平時的學習成績沒有多大關係。獲得成功的畢業生往往有一個共同的特質，那就是非常善於有效溝通。這類人不論是進入公司的管理階層，還是創辦自己的公司，在面對客戶、投資人、合作夥伴的時候，往往能夠迅速抓住問題的核心，透過溝通迅速解決對方的需求。

與之相反的是，那些不太成功的畢業生往往不善於有效溝通。

托馬斯在研究中發現，他們當中的很多人經常把閒聊和溝通混為一談。有些人在和別人打交道的時候，為了顯得自己很放鬆，經常和對方聊些與生意本身無關，又不能給人家提供價值的話題。結果這類人不僅無法達到商業目的，而且會給別人留下話癆的不良印象。

你是否曾經「溝而不通」？

有一次，我開車去接孩子放學，在等待的時候，一個小妹不停敲我的車窗。我以為發生擦撞，立刻把車窗搖了下來。

這個小妹立刻興奮地對我說：「小姐姐您的氣質好好啊！一看就是成功人士！」

我微微笑了一下，心想反正也是閒著，不如聽聽她想說什麼。

小妹看我不反感，接著說：「您看，我們公司正好有一份專門為成功人士量身訂做的理財保險，年收益6%呢！」她不停地向我介紹這份理財保險，然後又天南海北地和我聊起來，也不管我對此有什麼反應。

過了一會兒，我打斷她，對她說：「美女，我大概聽明白了。就是假如買了你的這個理財保險，能得到6%的年收益，對不對？」

「是的，是的。」小妹滿臉笑容地回答。

「但是，我平時做投資年收益20%，你這收益還差十四個百分點呢！」我邊笑邊對她說。

小妹頓時語塞，只得灰頭土臉地離開了。

這個小案例雖然聽起來像個笑話，不過請你仔細想想，你在和別人溝通的時候，是不是也常常犯這樣的錯誤呢？是不是也經常在沒有弄清楚對方的需求的前提下，盲目地和對方閒聊呢？

現今我們的生活節奏如此之快，哪還有人會有足夠的耐心聽你那些無聊的閒談呢？如果你不提前做好功課，瞭解對方真正的需求，為對方提供有價值的解決方案，你必然會陷入尷尬境地。

要解決問題，首先要正視問題。因此，當你發現自己和別人交流時，對方好像很難理解你的意思，你就該自我反思了：「我的溝通方法，是不是有問題？」

如何建立正確的「溝通思維」？

我的一位朋友是個自由工作者，前段時間，他想要登記一家個人獨資的工作室，因為以工作室的名義和合作方簽約會更方便後續的付款和繳稅。

在諮詢一個代辦機構的業務時，對方先是說了一通個人獨資公司的登記政策，然後告訴我的朋友，自己的公司和某地方機構的關係非常密切，後續他可以為我朋友的公司拿到一些資源支持。我的朋友聽完對方這番介紹之後，放棄和這家代辦機構合作。

我問他為什麼會做出這個決定？

他回答：「我只是希望以工作室的名義來走財務流程，他既沒有聽懂我的需求，又沒有給出我想要的方案，我怎麼會選擇他呢？」

朋友的話點出了溝通中很多人都會犯的錯誤，即忽略了對方的需求到底是什麼。你在溝通中如果忽略了這一點，即使把自己包裝得再專業，也不會給客戶留下什麼好印象。

所以，溝通的思維模式很重要。

什麼是正確的溝通思維呢？那就是以解決問題為目的進行溝通的思維。記住一點，客戶願意和你合作，根本原因在於你能解決他們的問題。你要在溝通之前全面地分析問題，但是不要在還沒準備好方案的情況下，就去談合作。你給客戶的解決方案，應該是他所急需的，這樣這筆生意會很容易談成。

舉個例子。同事小李來找我說：「楠姐，我今天分別見了張總和劉總。張總不好說話，太霸道，提出很多質疑，讓我詳細做一版方案再談，約他出來吃飯被拒絕了。劉總人不錯，一起吃了頓飯，聊得挺好，承諾價格合適一定選我們。」

我思考，這件事或許沒有小李想得那麼簡單。我問小李：「你怎麼想？」

小李回答：「我打算把重點放到劉總那裡，這幾天常去跑跑，希望比較大。」

我說：「這兩個客戶根據他們的需求，分別提方案，同樣對待。」

十天之後，小李敲了敲我辦公室的門：「楠姐，合約簽了，和張總簽的。」

我趁此機會對小李說：「表面的親近往往會給你帶來假象，能給你實質結果的，都是你能真正解決對方痛點的。」

這個案例當中，小李和我對於客戶的判斷顯然不同。小李依據客戶給他的感覺來判斷溝通的結果，認為誰更容易打交道，和誰就能談成。而我則首先判斷對方的需求，並且將重點放在給出正確的解決方案上。這實際上是兩種完全不同的思維方式。

商業溝通的底層邏輯，和普通閒談有著明顯的不同。商業溝通的本質，是要促成雙方的交易，你只有找到對方的痛點，給出精準的解決方案，才能實現雙方的合作。**你和客戶之間的溝通就像**

一場射擊遊戲，對方的痛點則是靶子，你的射擊姿勢再漂亮也沒用，只有當你的方案能正中靶心的時候，你們才能形成共識。

小李能和張總談成生意，並非因為兩個人的交情有多深，而是小李給出的方案能解決張總的問題，符合張總的商業利益。小李和劉總雖然聊得很好，但那也只是私下裡雙方的印象不錯，和能否談成生意關係不大。劉總最終沒有選擇和小李合作，根本原因還是小李的方案沒有滿足他的需求。

總之，讓對方感覺到你是一個優秀的合作對象，首先要把話說到對方的心坎上，要隨時站在對方的角度，分析他究竟想要什麼東西，並相應地給出策略。在這個過程中，行事可靠、言之有物是基本要求。有些人上來就喜歡「膨風」、「吹大牛」，其實別人只是靜靜地看你表演而已。

【商務溝通策略】

初次見面攻略：有距離、有目的、有節奏

設想一下，你要去見一個投資人或者合作方，這是你們兩個人的第一次見面。你想要給對方留下一個好印象，但你確實又對他不熟悉，你要怎麼做？我遇到過許多類似的情況，而第一印象的好壞，往往決定著今後的合作能否順利。有很多合作方，我第一次見面時，雖然還沒有進入正題，我就能預感到——「嘿，這事情能談成」！而有些合作方，我初次見面時，就會明顯感受到「哎呀，後續似乎很難推進」。

心理學上的「初始效應」大家應該也聽過，就是指你見到某個人時的最初印象，決定著你以後對他的評價，也決定著你們關係的走向。

那麼，如何才能在初次接觸的時候給對方留下好的印象呢？我給大家提供一個「初次見面攻略」：有距離、有目的、有節奏。

第一，有距離

第一次見面，要保持距離，無論是心理距離還是物理距離，切忌過度親密。

很多人有一個誤解，認為在第一次見面的時候，必須表現得非常熱情和親近，才能給對方留下良好印象。在我看來，熱情過度未必是好事。

與人交往也好，談合作也好，如果你表現得非常熱情、主動，會導致兩個問題：一是會讓對方失去進一步探索你內心世界的欲望；二是如果你後來表現得不如當初那樣熱情，對方可能會覺得被怠慢了。

此外，人與人之間，要切忌交淺言深。

在心理學中有個「自我揭露」定律，它是指在人際交往中，敢於展示自己的真實情感和想法，更容易獲得別人的理解、信任和支持。比如，在一個採訪中，當被採訪者講述自己童年遭遇的創傷，往往能引起聽者的共鳴，迅速拉近距離。然而，心理學家進一步研究之後發現，在人際關係中，自我揭露並非越多越好，而是要控制在一個合理的範圍內才會有效。如果過度地自我揭露，非但不會拉近彼此之間的距離，反而會讓人產生厭惡的感覺。

有研究認為，人的心理可以分為三個區域：一個是可以讓別人察覺到的部分，即自己知道別人也知道的區域，叫做「透明區」；一個是不能讓別人發現的層面，即自己知道而別人不知道的部分，叫做「隱匿區」；還有一個是自己不知道而別人也可能不知道的部分，被稱為「潛在區」。

這三個區域在一個人的心理總量中所占的比例，在很大程度上決定了他的幸福感。在良好的人際關係中，透明區應該最大，隱匿區較小，潛在區最小。如果隱匿區大於透明區或者潛在區過大，都屬於不太健康的人際關係狀態。尤其對於關係還不是很親密的人而言，自我揭露應該適度，設立必要的界線感。

初次見面保持一定距離，也有助於你更加理性地觀察對方的一舉一動。此時的你並不瞭解對方，如果過於熱情和親密，很有可能會因為一些對方忌諱的話題而「踩雷」。

總之，第一次見面需要保持神祕感，既能引起對方的好奇心，又能幫助你迅速瞭解對方。你需要掌握這個距離，做到既不熟絡，又不陌生。同時，你還要不斷去洞察對方的需求，找到合適的溝通點。

除了心理距離，還要注意保持物理距離。在一個相對比較寬敞的環境，我建議大家保持兩到三公尺的距離，而如果是一個相對比較窄一些的環境，則至少要保證一公尺以上的距離。大於這個距離叫做社交距離，小於這個距離的叫做親密距離，所以在初次見面的時候，保持社交距離會讓人覺得比較自然、舒服。

第二，有目的

第一次見面的機會很寶貴，尤其是如果約見的對象非常重要，那麼你必須提前對主題和內容進行設計，要讓對方對你表達的內容產生興趣。

我們要盡可能地給人留下一個幽默的印象，這會讓人更加願意與你聊天，為下一次溝通打好基礎。在聊天過程中，可以偶爾自我解嘲一下，或者合時宜地開點小玩笑。如果你天生就是一個很有意思的人，那在這點上你已經占了優勢；而如果你平時不是一個比較幽默的人，你就應該提前準備好第一次溝通的內容，在確保足夠專業的前提下，增加一些能夠讓人感覺不枯燥的、有意思的話題，會更加讓人印象深刻。

在表達內容中，你應該體現出足夠的專業性，你的輸出必須有內容，且能讓對方迅速捕捉到你有合作上的價值，這將會對你們的合作產生積極影響。

可以先用一起合作一件小事當作引子，做為雙方合作的突破口。比如，「我瞭解到您在這部分的業務上有一個小的難題，我剛好可以幫您很好地解決，我們可以在這部分上合作，取得收益，共贏互利」。他聽明白你的要求之後，清晰地瞭解了你的價值，知道了你們共同的目標，他會評估你們合作的可能性，然後決定是否要與你進行進一步的接觸。

此外，在溝通的整個過程中，千萬不要自顧自地講述，而是要仔細觀察對方的反應和感受。你可以透過對方的一些微動作和微表情，來感知你的談話內容、態度、動作行為、表情乃至語氣帶給對方的感受是愉悅的還是厭煩的。你說的所有話都要基於對方的反應，比如，當對方身體忽然後靠，摸了一下手，扶了一下頭，或者出現了皺眉、抱手，說明他現在有些不耐煩了——要麼是對你說的話題不感興趣，要麼是對你的觀點有所保留。這些可能都是拒絕的訊號，說明你接下來的談話內容需要趕緊調整了。

而如果對方一直微笑著聽你說完，甚至身體不自覺地往前傾，還時不時點頭，那麼說明機會很大。

第三，有節奏

這一點非常重要。很多人在第一次和人談合作時，稍有眉目，就步步緊逼，恨不得當場就簽約。但我認為，如果對方不是一個衝動型的人，那麼最好給彼此留下一定的空間，不要太心急。

中國有句話叫：不可壞事做絕。其實，「好事」同樣不能做絕。這裡的「絕」是指：不要把話說得太滿，節奏不要太快，而要留有一定的餘地，讓對方覺得意猶未盡。這是在為下一次的見面和溝通建立良好的契機。如果我們一開始就把自己的底牌早早地亮完，往往就會陷入被動，讓自己陷入比較尷尬的境地，很可能雙方之間的合作就到此為止了。

我曾經約一位知名度很高的明星見面談合作。我到他的公司，當時接待我的是他的合夥人。在跟他合夥人聊完具體合作內容後，這位明星過來跟我打招呼。這個時候，我沒有表現出任何興奮或者緊張的樣子，沒有跑去要求合照，也沒有激動地說：「我是您的粉絲，我太喜歡您了。」

我保持著冷靜和禮貌的態度，在舒適的社交距離下，先點頭問好，然後跟他說：「主管，我給您彙報一下今天我們雙方取得的交流成果，很成功也很值得期待。」接著，我就把我這邊的優勢，以及能夠給到他們的資源和價值，快速地用「123」總結給他。

在總結的時候，我力爭每一個點都吸引人。同時，我隨時注意觀察對方的神情是否感興趣，以便及時調整話題方向。最後，在恰到好處的時候，俐落地結束了對話。

我主動對他說：「您一定很忙，就不打擾您了，我就先回去了。」而這個時候，他反而提出他還有一些時間，可以繼續聊一會兒。最後臨別時，他還主動跟我加了微信，並與我合影。

整個溝通過程中，我一直秉持著上面所說的三個步驟，保持舒適的距離，設計好對話內容，有目的、有節奏，不急於一時，逐步推進，最終達成了我此行的目的。

你在初次見面時，還應該注意哪些事情？

在第一次溝通的時候，還有一些值得我們注意的事情。

比如，經常有人不敢表達自己的需求，生怕對方會反感或者直接拒絕。這其實是很沒有必要的，因為你跟對方見面，最終還是為了達成目的，所以提前說明來意是很重要的，不需要拐彎抹角。

此外，現在大家在商業合作中，都習慣加微信聯繫。但是我建議大家在加微信的時候，也要保持一定的社交距離，這個社交距離跟之前提到的物理社交距離是不一樣的概念。在加微信的時候，需要考慮對方的身分、地位、性別等多種因素，保持一個合適的距離。在雙方差距過大，或者不便的時候，不宜太過主動。

我認為，加微信最好的方式就是讓對方感興趣而主動加我們。見面結束之後，如果對方是來求你辦事的，你最好不要主動加對方微信。當你求對方辦事的時候，一般也由男方主動加微信為好。

如果你是個男士，你需要主動地去邀請對方加微信。只要你前面沒有出現給對方感受不好的狀況，一般都不太會被拒絕。而如果你是位女士，那建議你提前準備好印有微信 QR Code 的名片。在遞給對方名片的時候，用你的手指指一下你名片 QR Code 的那個位置，暗示對方：我們可以交換一個微信。所以大家在印名片的時候，微信 QR Code 可以盡量做得大一點、醒目一點，方便你指的時候能夠明顯一些。

如果對方說「回頭我加你微信」，但事後並未加，那麼事情談成的可能性極小，基本可以不用在這個客戶身上浪費時間了。

最後，不要對加微信這件事情過於執著。因為雙方加了微信之後，如果無合作意願，也不會發揮太大作用。對方如果有合作意願，早晚能加上微信。此處，我再補充一個細節，就是如果你們的結識是中間人介紹引薦，那麼建議現場當著中間人的面不要急於去加對方微信，這會讓這位中間人感受不好，反而等待中間人或者對方主動提出加微信會比較好。你要知道，只要你讓對方感受到價值，那麼加微信是遲早的事，反過來，即便加了也意義不大。

對方「咖位」比你高，如何快速達成合作？

我公司的小薇有一次與一位知名的明星經紀人談合作，回來後跟我彙報溝通的情況。

我問她：「合作談得怎麼樣呢？」

小薇低著頭回答：「楠姐，他總共只給我半個小時，而且這半個小時，話題都在他手上。您讓我說的話，我都不知道怎麼說出口。楠姐，對不起啊，我搞砸了！我第一次遇到傳說中的這位經紀人……有點緊張。」

其實在小薇見面之前，我們已經準備好溝通的話術，想不到她完全沒用上。

在生意場上，我們難免會遇到很多比自己資源好、地位高、影響力大的合作方，這時候，很多人都會跟小薇一樣，完全由對方掌控著談話的節奏，準備好的方案、話術，似乎都失效了。

那麼，面對這種各方面都比自己強勢很多的人，我們應該如何溝通呢？

以平等的心態溝通，體現專業性

拿「第一次見投資人」的場景舉例吧，如果你第一次溝通的對象地位比較高，一直強調自己是投資人，那麼你要試著以平等的心態對待對方，切忌以一種「乞討者」的心態來交流。

你想想，投資人最看重的是什麼？是你手上的計劃可以給他帶來多少利益，而不是「我就是來找你要錢的」。你要始終讓對方意識到，你們是平等的關係。

如果對方很看重人脈，你可以無意間透露出後續計劃執行時，你可以提供的各種人脈資源、管道資源、客戶資源等。如果對方很看重專業，那麼你就要多聊聊自己過往的成功案例，給人專業感。

比如，我與一位知名投資人第一次見面時，對方並不知道是否應該和我在抖音平臺上進行電商部分的合作，他只是迫於朋友的面子，才答應與我見面的。

我知道他對投資我的興致並不大，於是對他說：「我用最簡練的語言、最快的速度，向您彙報一下。」這種表達方式，表面上是主動降低身分，其實是立刻拉近距離。但是要注意，在說這句話的時候，我的語氣是不卑不亢的，一定不是討好。

我接著說：「您知道，抖音是個寶藏，我覺得自己還挺幸運的，已經有八百多萬粉絲了。但是，您也知道，直播與短影片的流量不同步。我的短影片數據還挺好的，但直播帶貨上遇到了瓶頸。您的副總裁聽說我直播帶貨的口碑分數降到四．三的時候，直接被嚇跑了！不過，我總結原因，迅速調整了合作的品牌商家，對方有著更加專業的售後及物流，幾天之後我的分數就漲到四．七，相信很快可以回歸到四．九以上了。」

可以仔細分析我對他說的這番話：我是在用調侃的方式告訴對方，我的成績不俗，並且我對自己的現狀有很清晰的判斷。我有實力，我很專業，而且我對他毫無隱瞞。

在對話過程中，我一直特別留意對方的表情和動作。看到對方表情很愉悅，似乎對我剛才傳遞的資訊很感興趣，於是我心裡篤定了。我接著說：「我信賴您的眼光和專業。如果您能幫我提高直播間流量，那麼我也可以跟您共享我的收益和成績。我更看重長遠利益，願意成為您的忠實夥伴。」

對方點了點頭，表示願意嘗試合作。

我沒有「趁熱打鐵」，相反，在表達自己的需求之後，需要留給對方意猶未盡的感覺。我說：「您先忙，您的時間很寶貴，我們後續慢慢再聊。」

再次提醒，第一次談話結束之後，除非緊急情況，否則不需要立刻聯繫對方催促合作進度。可以在平時相互問好，在朋友圈按讚。這樣，在談話結束之後，才會給後續的合作留下好的且更大的空間。

找到對方的「弱點」

我們要善於在溝通過程中挖掘對方的「弱點」。很多時候對方願意跟你達成合作，其實是你抓住了對方的「弱點」。這個「弱點」指的是對方欠缺，而你恰好有的東西。在我看來，每個公司都有自己無法解決的問題，這也是「弱點」所在。

分享一個發生在我身上的案例。我想拉近的一位合作方，在資源、地位、聲望上，對方都比我段位高很多，一般來說，這樣咖位的人物幾乎沒有「弱點」，對我也意味著幾乎沒有合作的可能。

在見面之前，我一直沒有找到對話的突破口——他什麼都不缺啊，我能給他提供什麼呢？然而在我們的初次溝通中，我敏銳地發覺，如此強大的人其實也有「弱點」，而他的「軟肋」就是他的兒子。

在聊天中我瞭解到，他的企業是家族企業，而他只有一個兒子，那按常理以後一定是子承父業。但是偏偏他這個兒子不太想接手他的事業，卻很嚮往當網紅。這不就剛好是「瞌睡碰枕頭」嗎？網紅達人這方面，我楠姐熟啊！

所以，我就把這件事包攬下來，馬上表示不但能幫他的兒子實現願望，還能為他的家族企業注入新興行業的助力，讓他的兒子找到屬於自己的價值，回歸父業，帶著對新的行業趨勢的理解和成果接受傳承。最終，在地位如此「不平等」的情況下，我還是和他迅速建立了關係，如願達成合作目的，這是因為我在合作方身上找到了親情的「弱點」。

如何消除對方的戒備，達成共識？

遇到對方的刁難，怎麼辦？

第一次見面的氛圍未必都是融洽的，遇到對方的刁難也是常有的事。舉個例子，我的短影片中有這樣一個故事：我去找一個專案管理主管申請投標，這個人是出了名地難相處，而且戒備心很強，但我最後還是拿到了投標資格。

楠姐：您好，是李總吧？

專案管理主管：你是？

楠姐：（掏出一張名片遞過去）這是我的名片，特地在這裡等您的。

專案管理主管：你有事？

楠姐：我想報名實驗大樓這個專案。

專案管理主管（聽完就往前走）：這事我不管。

楠姐：我知道是張總負責，我找了他好幾次，他沒讓我報名（我知道張總是他的對手）。

專案管理主管：那是你資質不夠吧？

楠姐：資質都沒問題。

專案管理主管：那……你想讓我幫你？

楠姐：我只是希望有個報名的機會。另外，做為外人，今後我可以向您彙報一些不一樣的消息（提供價值）。

專案管理主管（停下來）：嗯……明天下午三點，你去專案管理部門，我正好在。

楠姐：好的，我準時到。

專案管理主管：注意什麼，需要我提醒你嗎？

楠姐：我並沒見過您（表達忠誠）。

專案管理主管：嗯。

楠姐：李總，謝謝您，冒昧了。

專案管理主管：你是夠冒昧的。

楠姐：我會珍惜您給我的這次機會（表達感謝）。

對方之所以會刁難你，大多是因為利益問題。你要分析他的利益所在，並且思考你能否提供他需要的利益，以此為出發點來試探對方。你要讓對方認為你是自己人，是和你一起去解決困難的。

在上述對話當中，「做為外人，今後我可以向您彙報一些不一樣的消息」這句話，我成功打動了對方。因為李總選擇跟我合作，相當於多了一個耳目，多了一個「局外」的自己人，這也是他所需要的。只要成功滿足了對方的需求，那麼對方的刁難也就迎刃而解。

只要對方有需求，他就不會過於為難你。這時你可以對他說：「我想在這個案子上與您合作，跟您共贏，在您非常強的方面我比較弱，但是我的價值體現在與您互補的方面。」然後，很重要的是，要讓對方感受到你有著很高的忠誠度。

對於一個可以和自己互補、又能忠於自己的人，對方是沒有理由刁難的。所以，初次見面的對象即使是個很難相處的人，也要清楚對方的需求是什麼。抓住對方需要的東西，你就可以消除對方的戒備，順利和對方拉近關係並建立共識。

如何化解對方的敵意，達成合作？

假如你和某個人最初的見面氛圍不錯，雙方已經建立基本的好感度和信任度，那剩下的問題只是專業度的問題了。接下來，你只要在專業層面表現出你的價值就夠了，透過時間和專業的累積，雙方一定會越來越默契和信任彼此。

但也難免會遇到一種情況，就是對方一直對你抱有一定的戒心，甚至帶有一些敵意。這種情況在我們日常溝通場景中，包括我這十幾年的商務溝通過程中，經常會遇到。總會有一些合作方和客戶在開始的時候對你信任度不夠，甚至有可能故意刁難你，讓你下不了臺。

對於這種情況，我們應該如何取得對方的信任呢？我給大家分享兩點建議：

第一，我們首先要分析一下，對方刁難我們的原因到底是什麼。

很多時候，只是因為對方聽了一些競爭對手或者有心之士的流言蜚語，他們就對我們產生誤解。這個時候，我們只有去消除這個誤會，才能順利地溝通。首先，面對有可能的誤會，不要著急尋找原因和解釋，接下來，我們要著重去分析對方想要哪些利益點，並提出我們能夠提供的利益來進行試探。如果對方反應良好，我們就可以針對這個利益點進行專業的輸出。

第二，我們要與對方建立起同理心，你可以去試著理解他的感受，同時也讓他理解你的難處。這個道理說起來容易，可能大家都懂，那麼我們應該如何具體執行呢？

首先，我們可以開誠布公地提出一些問題和難點，與對方做一些想法和思維上的交換。有時候適當地請求別人的理解和幫助，可以很好地激發對方的同理心。

其次，我們可以選擇對方心目中比較重要的人，比如他的老闆、合夥人或者重要客戶等，在他們面前去誇讚他，讓他從別人口中聽到。這是一個非常好用的小技巧，從第三方口中說出的誇讚之詞更加具有可信度，更能給人好感。

判斷客戶類型，幫你搞定所有談判

你是不是經常被客戶拒絕？你是不是覺得自己已經用盡方法，卻怎麼也搞不定客戶？想成為溝通高手輕鬆搞定客戶，僅僅建立正確的溝通思維是遠遠不夠的，你還必須掌握有效溝通的基本框架。我在長期的實踐當中，總結出一套商務溝通的模型，而在分享這個模型之前，我們先要學會如何判斷客戶的類型。

在跟客戶溝通的時候，不要著急進攻、出招，而應該先防禦，先靜靜觀察，看對方如何出招。我們可以使用相同的溝通模型，但面對不同的客戶，我們的溝通風格要完全不一樣。

因此，在對話的一開始，我們就要扮演一個蒐集訊息的角色，透過傾聽，快速判斷對方屬於什麼類型。我一般把客戶大體分成四種類型：防禦型、衝動型、被動型、智慧型。對於這四種類型的客戶，我們會有不同的應對方法和策略。（這四種類型反映出的特點有時候也會交叉重疊在同一個客戶身上，那麼就要看哪個特點比重較大，再使用我教給大家的對應方法和策略。）

第一類：防禦型

防禦型客戶是四類客戶中相對比較容易打交道的。

這類客戶往往話很少，平時喜歡自己思考問題，獨立思考的能力很強，遇到事情的時候，會給自己充分的準備時間。他們會自己主動瞭解計劃的每個細節，不會被別人帶著走。防禦型客戶會用防禦姿態應對你拋給他們的資訊。在他們的頭腦中，會把你想成他們的對立面。不論你說什麼，他們內心的第一反應往往是否定你，並且會用質疑的思維看問題。

如何應對這類客戶呢？

首先，最好直接給他們想要的結果。不要妄想用語言去討好他、恭維他，而是要盡量展現你樸實的一面，這樣更能夠給他們留下好印象。他聽到你的恭維，反而會懷疑你的動機，可能會在心裡揣摩：「你這麼恭維我，是不是一個繡花枕頭？是不是有什麼企圖？」

其次，當你面對防禦型客戶的時候，重點是一定要信守承諾。

當你對他們做出第一個承諾的時候，哪怕是一個非常小的承諾，也必須完成你的承諾，並且向他們展示結果，讓他們看到實實在在的利益。這類型的客戶，一旦你們第一次的合作順利完成，讓他感到滿意，那麼他們甚至會將後續所有的計劃都交給你做，並且會和你建立長期的信任關係。這種長期信任關係一旦建立，將會非常牢固，很難打破。

相反，如果你第一次做得不好，即便你能找到理由解釋，在這類客戶面前還是會過不去這一關，他不會再給你機會。

總之，對於這種類型的客戶，你要有一說一，說話樸實不吹噓，無論是好情況還是壞情況，都跟客戶如實地反饋，這樣反而能夠讓對方真正信任你，讓合作走得更遠。

第二類：衝動型

如果說防禦型的客戶不需要太多的奉承和迎合，那麼應對情緒往往都放在表面的衝動型的客戶，就需要換一種策略了。

我們與衝動型的客戶溝通時，似乎不用花多少精力就能搞定，為什麼呢？因為這類客戶有一個比較明顯的特點，就是耳根子比較軟。

但需要注意的是，衝動型客戶的特點是情緒化，當你誇讚他的時候，他容易飄飄然，但你一旦把事情搞砸了，讓他出現損失，他也比一般客戶更容易激動，甚至會出現暴跳如雷的情況。

還有一點，這類客戶對待合作、對待溝通以及對待你，往往變動性都會比較大，經常朝令夕改——今天會有這樣那樣的想法，明天又會有另外一個想法，甚至已經談妥的事情都很可能會出現變化。

不過，衝動型客戶也並非全是缺點，他們相比於防禦型客戶，更加容易被引導。如果你要開一家服飾店，那最好盡可能多地找到衝動型顧客。這些客戶面對琳琅滿目的服裝時，一定會成為你最大的客戶群體。

此外，對於衝動型客戶，我們還可以針對他的喜好出招，投其所好。比如對方喜歡喝茶，那我們就針對這類客戶的喜好下手，很容易讓對方開心。

舉個例子，我的一個衝動型客戶很喜歡收藏字畫，但是經常「看走眼」。我為他聯繫了一家非常有名的畫廊，不僅畫廊老闆收穫了一位大客戶，而且讓我和這位客戶建立了有效的商業關係，也讓接下來的合作更加順利。

不過，相比於防禦型客戶，你與衝動型客戶往往難以建立長期穩定的關係。防禦型的客戶是你需要給他一個非常明確的結果和預期，他自己來分析自己的得與失，然後才決定是否跟你合作。但衝動型客戶則很容易在沒有經過深思熟慮時，一開心就答應你了。所以，和這類客戶打交道一定要遵循效益高、回收快的原則。我們要在溝通過程中，盡快找到時機推進簽約，趁熱打鐵，立即簽約，防止夜長夢多。

這個關鍵的點在於，你不要拖泥帶水，免得事出有變。而且你們很難維持長久穩定的關係，在後續的合作中，你要不斷挖掘一些新的能夠刺激他的利益點，才能讓他持續和你保持合作。

第三類：被動型

被動型客戶的特點就是非常被動，他們與衝動型客戶完全不同，你要更加主動推進，否則就很難出成果。

這類客戶從來不會給你確定的答案，他們往往會耐心傾聽你陳述，你以為他們對你的建議感興趣，但實際上他們並不會做出決定。這類人面對問題經常優柔寡斷，當多個選項擺在他們面前的時候，他們的選擇困難症就會立刻發作，將決定無限期推遲。

被動型客戶的應對方法其實很簡單，就是你要更加主動出擊，幫他們做出決定。這類客戶之所以會猶豫不決，根本原因在於總想要百分之百穩妥的方案。你需要把自己當成他們的軍師，先為他們列出多種方案，然後在替他們分析這些方案的利弊之後，站在他們的角度主動幫他們做決定。

在和被動型的客戶或合作方溝通時有以下兩個要點。

第一，我們要列舉多個較為穩妥的方案，記住，一定是「多個」。

像這種沒有辦法馬上做決定的客戶，如果不給他提供選項，他永遠不會思考你的方案，而哪怕他拿捏不定究竟應該選 A 還是選 B，他也至少有了選擇的餘地。列舉多個方案，是為了讓他打消顧慮。因為這類客戶在很多時候猶豫不決，有很大的因素是覺得不夠穩妥，所以我們最大限度地照顧對方的感受，並給出穩妥的方案，就能解決這類客戶的問題。

但是這類客戶通常有選擇困難症，最終還是不知道該選哪個，我們該怎麼辦？

這就是我們要做的第二點，要明確地告訴他：「根據您現在的情況，我建議您選 A 方案就可以了，因為……」

我們只需要條理清晰地告訴他為什麼要這麼選，並主動出擊幫對方做決定。因為他被動，所以我們就要主動解決這個問題。

你想要和被動型的客戶做成一筆生意，在開始合作的時候往往很困難。不過，只要你搞定了第一筆生意，並且建立起雙方的信任關係，那麼往後的業務，這類客戶可能都會交給你做決策。

你想想，做為一個選擇困難症患者，被動型客戶太需要一個懂他們心思的人替他們做出決定了。因此，對於這種客戶一定要保持耐心，並且主動出擊，建立雙方穩固的合作關係，爭取將其培養成長期客戶。

第四類：智慧型

智慧型客戶既是所有客戶類型中最容易合作的客戶，也是最難搞定的客戶。

首先，他們一般情商都比較高，有一些變色龍的屬性，能根據對方是不同的人，表現出不同的狀態。這類人可謂是商場中的「老油條」，他們會依據對方的類型，制定自己的談判策略，很多時候，他們會選擇「向下兼容」。「老謀深算」是這類客戶的標籤。

此外，智慧型的客戶往往具有長期思維，更加看重長期利益，即使做為甲方，也可以做到先捨後得。你在和智慧型客戶談判的時候，他會給你畫餅，與你暢談雙方合作的長期目標。在談判當中，智慧型的客戶喜歡掌握主動，讓你不由自主地認同他們的想法。

面對這類型的客戶，解決辦法只有一個，那就是你一定要確保自身有足夠的價值，然後你的價值能賦能給對方，讓對方也覺得你對他有價值。當你衡量清楚這個事情的時候，你才能保證後面的溝通和談判有更大的成功率，也才能與對方建立長期的合作關係。

比如，你是一位經營短影片的高手，並且有比較成熟的 **IP**，那麼智慧型客戶就會想方設法給你賦能。他們通常會提供給你長遠的利益，以及更多的商機，如可以提供你人脈、資源、模式、資金等，並向你展示遠景價值。只要你自己是一座寶藏，那麼智慧型客戶就會變成挖寶人，與你攜手共贏。

商務溝通模型：三步打動客戶

準確判斷客戶的類型之後，我們就可以有針對性地用到溝通模型了：

第一步：點明目的

第二步：給出資源

第三步：精準關懷

我們逐一拆解。

第一步：點明自己此次溝通的目的

你需要把自己變成演員，提供給客戶想要的價值。同時，也要提出自己的想法，並且以此為出發點，與不同類型的客戶進行溝通。

舉個例子。我個人比較喜歡講格局，講長遠，講捨得。在合作中，通常我會先捨，不會太在意一些雞毛蒜皮的小事，而且我比較善於策劃合作，所以我是一個典型的智慧型客戶，同時在某些方面也有衝動型客戶的特點。

首先，我很想進一步拓展自己的影響力，提升自己的個人IP品牌。而且做為一個典型的智慧型客戶，我選擇合作夥伴的時候非常挑剔和謹慎。其間，有一個短影片平臺的廣告銷售小張，就曾經成功搞定我，讓我成為他的客戶。

我是怎麼認識這個銷售的呢？首先，他所在的部門有很多主管，也有很多層級，跟我對接的這個小夥子是這個部門位階最低的員工。而這個部門的職責是幫所有廣告大客戶解決商業流量的問題，同時為他們制定一些投放策略。

這個小夥子透過找各種關係輾轉介紹，找到我這裡了。

為什麼會找到我呢？因為我做直播這麼久了，肯定是需要更大的商業流量的。他手上的大客戶，單場直播中投幾百萬元或上千萬元預算的都有，我目前明顯還達不到他們的大客戶標準。但他對我進行分析，知道我有這方面的潛在需求和能力，所以找到了我。

當我們面對面坐在一起，這時候智慧型客戶的麻煩之處就體現出來了。我一般會看對方是否跟自己對等，所以我就看了他的工作證。在確認他確實是該平臺的員工之後，上來就先問一些基本知識，然後問了他的職務，並瞭解一下他的職位職責，緊接著我就發難了：「你能為我爭取什麼？」

他跟我說，他能爭取到更多的流量投放數據分析，可以幫我與數據組溝通，優化我目前的數據，能推薦我認識大直播間的經營負責人等。我興味索然地回覆他：「挺好，但其實這些不是我最看重的。」智慧型的人難纏就在這裡，非常擅長迂迴。

他看我不接招，立馬換了說詞，對我說：「楠姐，我們週末會舉辦一場商業活動，我特別希望您能夠參加。不過，這個活動確實只有以往繳了會員費的大客戶才能參加。這個活動主要是邀請官方有經驗的高層為與會人員詳細講解與商業流量相關的知識、政策和操作方法，這是內部的一次論壇，其他地方是聽不到的，而且在會場，我可以幫您介紹任何您想認識的人。」

說到這裡，其實我已經有一些心動了。

每個銷售的目的都是賺到客戶的錢，只是小張在點明自己目的的時候，用的方式非常巧妙。他用一個活動將客戶和產品連結起來，這樣可以避免要求客戶「繳會費」的目的過於生硬。而且，小張在溝通的時候完全掌握住了我的消費心理。

首先他介紹了活動的兩個賣點：其一，內部高層詳細講解商業流量的知識和政策；其二，內部論壇，市面上一般人是無法參加的。

而希望詳細瞭解商業流量運作的我，當然會覺得這場活動很有吸引力。此外，小張還點出能夠讓我購買的理由，「只要繳會費就可以參加，並且可以引薦認識任何想認識的人」。

在「點明目的」這個步驟，我也為大家總結了一個公式：

目的＝賣點＋購買理由

用這個溝通公式，不僅能夠幫你清楚地向客戶說明你的目的，而且可以為下一步——「給出相應資源」做好鋪陳。

第二步：給出相應資源，滿足對方的需求

這一步的重點是，盡可能滿足客戶的合理需求，告訴對方，我可以為你做到什麼。你必須依據客戶的類型以及需求，給出他們想要的資源。還是以我和小張的這次溝通為例。做為智慧型客戶，我最為看重的是對方能否持續不斷地向我提供價值。小張在接下來的溝通當中，恰好給出了我想要的資源。

他分了三步打動我。第一步，他說：「反正您都要花錢。」因為我已經置身在行業中，勢必會購買商業流量。

第二步，他說：「我們這個活動是給大客戶的，但是您只要在這個活動之前，不管繳多少錢，只要您購買我們的產品，我都給您申請以大客戶的身分參加。」

第三步：「此外，我不僅安排您參與只有大客戶才能參與的論壇及社交活動，在會場，不管您想要認識誰，想知道任何相關的專業知識，我都盡量滿足您，最大化幫助您引薦我的大客戶資源。」

他在不斷深挖這個產品的價值，這也完全符合一個智慧型客戶的需求。這三步下來，我就已經開始考慮了。緊接著他又說：「楠姐既然您來了，我想介紹我們總經理給您認識。相信我們總經理能給您引薦更多您這個層次的人脈——明星、紅人，讓你們成為朋友，等以後有機會合作的時候都可以隨時溝通。」

這時，我已經徹底心動了，他完全掌握住了智慧型客戶的心理。

然後，我整理了一下我的需求寄給他，看看他能不能完成，也算是個小的考驗。所幸他接下來的溝通也讓我覺得他非常優秀，他把他的承諾都提前完成了。

他立刻把總經理和我拉了群組，先開始網路上對接。接下來，我和他們的總經理通了電話，他把他的承諾直接落實了，然後我真的就乖乖地把錢繳了。之後，我也確實參加了這個活動，也確實在活動中認識了我想認識的人，得到了資源。

透過這個案例，我想告訴大家的是，首先這名銷售敏銳地洞察到我是智慧型的客戶，並且針對我這種類型的客戶採取相應的溝通技巧。

其次，他提供我所購買的服務之外的高層次人脈和資源，深度地滿足我的需求。而這些東西，如果你給到防禦型客戶或被動型客戶，他們很可能都是不需要的，甚至會產生反感，認為你在畫餅。

如果你要面對其他類型的客戶，同樣可以在確定對方類型的前提之下，準確採取應對辦法。比如，面對衝動型客戶，你可以投其所好；而面對被動型客戶，則最好主動替他們做出決定。

第三步：關懷客戶，建立牢固的關係

第三步是關懷客戶，你可以透過一些小細節，讓客戶知道你在關心他，讓對方慢慢卸下防備，願意和你聊下去。

你在完成判斷客戶類型、點明自己的目的、給出相應資源之後，客戶購買往往是水到渠成的事情。然而，你想要建立牢固的客戶關係，就必須隨時維護客戶。

有些銷售認為，自己與一些老客戶已經非常熟悉了，不需要過多的維護，過節發個祝福簡訊，或者送些禮物就可以了。但是，由於他們忽略了對老客戶的維護，沒有及時發現和感受到客戶的需求變化，導致問題經常會出在那些「過於穩固」的關係上。

比如，一個客戶近期的資金比較緊張，而你並不知情，你送過去的報價和往常一樣。這就增加了客戶的成本，很可能導致客戶關係破裂。

所以，要建立牢固的客戶關係，你需要在日常做到精準關懷，並且總能站在對方角度，考慮對方需要什麼。比如，對方是急躁、慢熱還是有耐心，對方是否很在意自己的成本預算，對方近期的變動等。只有充分考慮到客戶的需求，並為其提供符合他們需求的價值，才能讓客戶關係變得穩固。

有效溝通並非一朝一夕就能掌握的，在現實談判當中，你一定會遇到各種場景和不同的問題。當你遇到溝通困境時，不妨試一試這個「商務溝通模型」，以此為基本框架，選擇最合適的溝通策略。在不斷的實戰當中，總結出最適合自己的溝通方法。

還等什麼？馬上執行起來吧！

談生意很難嗎？

你和談判高手之間，只差這一點

我在短影片中分享了很多談生意的技巧，經常有人留言問我：「楠姐，我覺得談生意太難啦！您有什麼談生意的好辦法嗎？」

確實，我在和很多企業家、公司高階主管打交道時發現，雖然他們很多人生意做得風生水起，但是遇到商業談判時，依然會手心冒汗，心中的小鼓打得「咚咚」亂響。那些初入職場的年輕人在面對客戶的時候，更是經常頭腦一片空白。

如果你問我，解決談生意這個難題的最有效方法是什麼，我會毫不猶豫地告訴你：達成共贏，沒有之一。

你看到這句話之後，心裡是不是充滿了很多疑問？心想，楠姐你不會在跟我開玩笑吧？現在市場競爭那麼激烈，資源就那麼多，到處都是競爭對手，怎麼共贏啊？

你有這樣的質疑，說明你確實在認真思考這個問題，也說明談生意確實不容易。既然要寫一本書，講講生意怎麼談，就必須聊聊談生意的本質到底是什麼。我覺得，商業談判的本質，是在瞭解對方需求的前提之下，梳理雙方價值的互補性，透過對雙方商業利益的再分配，實現談判雙方共贏的過程。要闡述這個容易被質疑和誤解的概念，我們不妨看看那些商業巨頭是如何用共贏思維談成生意的。

談生意的本質是共贏

商業談判不僅對普通人是個難題，對那些商業巨頭而言，同樣是個讓人煩惱的問題。

美國的商業地產大王希爾頓，就曾經在收購一個房地產時被談判問題難得抓耳撓腮。希爾頓為了擴張自己的商業酒店業務，必須拿下康德爾大廈的產權。但是，大廈的所有人老康德爾是個特別老派的地產商，根本不想和希爾頓談這個生意。這可如何是好？

希爾頓冷靜下來，對這件事情進行全盤梳理。要想促成這件事，必須分兩步走：

第一步，把老康德爾拉到談判桌上；

第二步，找到雙方都滿意的方案，促成兩家的合作。

希爾頓先向老康德爾發出了談判邀約，可是人家根本不買帳。但是，希爾頓同律師團隊一起，找到了大廈空間權規定中的一個漏洞——條款規定，只要希爾頓能出兩倍價格，他就可以買下大廈的空間權。看到機會之後，希爾頓向康德爾大廈報價。老康德爾立刻坐不住了，乖乖地來到談判桌前。（瞭解對方的需求。）

雖然兩家都坐下來談，但是老康德爾依然執拗地不肯轉讓所有權，談判又陷入了僵局。

不過，在交流的過程當中，希爾頓敏銳地捕捉到，老康德爾不想賣大廈的原因，其實是想把大廈留給子孫收房租。而且，老爺子經營大廈幾十年，對這棟建築是有感情的。他怕別人接手之後，改變大廈的原貌。（瞭解對方的需求。）

瞭解了老康德爾的真實意圖之後，希爾頓馬上轉變談判思路。他提出承租大廈五十年，這樣不僅保證康德爾家族的子孫能夠收到租金，同時也可以長期占有大廈使用權。此外，希爾頓還承諾定期維護大廈，並且不改變大廈原貌。（梳理雙方共同的利益點＋利益再分配。）

老康德爾聽到這個方案之後欣然同意，希爾頓也如願以償地擴張了他的商業版圖。你看希爾頓談生意的策略，不正是運用共贏思維實現雙方目的的典型案例嗎？

結合以上的案例，我們也可以將「共贏思維」總結為以下公式：

共贏思維＝瞭解對方的需求＋梳理雙方共同的利益點＋利益再分配

希望你在日常的商務溝通中，也可以把這個公式用起來。

商業談判四步法：把對手變成合作夥伴

當然，你也許會覺得，那些巨頭的案例離我們太遠了，我就是一個小老闆，平時遇到的談判對手都挺難纏。我也不可能像希爾頓那樣，找個律師團隊幫我找對方的法律漏洞，那該怎麼辦啊？

我覺得，這其實是我們大多數人都面臨的狀況。我們沒有那麼多資源，卻遇到了棘手的談判對象，這種問題怎麼解決？

下面這個我親身經歷的案例，會給你很大的啟發。

身為連續創業者，我遇到過不少競爭對手，相信你身邊也會遇到像 Tony 一樣的競爭對手。

故事的開場，源於一次培訓之後的聊天。做為網紅電商培訓行業的「案內人」，Tony 一直想用新模式打亂現在的市場秩序，讓自己成為這一行的龍頭。

那天，他得意地對我說：「楠姐，你別看這些做網紅培訓的現在風光，只要我這個模式一出手，他們全都會敗下陣來！」

聽到他這麼說，雖然內心覺得詫異，但是我並沒有急於否定他，而是說：「你在這個領域摸爬滾打這麼多年，肯定是有什麼高招，能分享一下嗎？我願意洗耳恭聽！」

他說：「你看啊，現在網紅培訓市場的價格、秩序、分額，都基本形成了，想要分一杯羹就必須把這個市場的水攪渾。」

我不動聲色地聽著，想看看他的葫蘆裡到底賣的什麼藥。

他接著說：「我可以先用超低的線下培訓價格，搶奪那些頭部機構現有的流量。比如，現在的線下培訓課價格是七千九百九十九元，那我就把定價改為四百八十八元，再用同樣的導師教同樣品質的內容。這樣，我可以很輕鬆地把流量都分走。」

聽到這裡，我不解地問：「你的課程價格如此之低，你怎麼贏利呢？」

「這很簡單。」他繼續說道，「我把流量吸引過來之後，再開發一個八千八百八十八元甚至幾萬元的高階課程。然後，深挖這些學員的深度價值。在擊垮同行業的競爭對手之後，實現市場的壟斷。」

聽他說完這番話之後，我在想如果這件事他辦成了，整個市場確實會在某種程度上被攪渾，而且像我一樣開設類似線下課程的也會受到一定的衝擊。

但是，此時我並沒有急著去譴責他或勸阻他，反而對他說：「你太有頭腦了，而且你的商業模式會取得很大的成功。你的新模式具體是怎麼運作的呢？我對此特別感興趣，你能具體說說嗎？」

聽到了我的肯定，Tony 講得更加起勁。

他說：「除了課程價格低，我還能提供學員免費的食宿以及拍攝和直播場地。拍攝及直播場地目前在北京，雖然小了點，還沒有配套設備，但是做培訓前期肯定夠用。」

這時我打斷他的話，並對他說：「你的模式非常好，但是場地規模不大，我正好可以提供給你國家級別的拍攝及直播培訓場地，而且能夠承接供應鏈和直播間，培訓場地完全免費。除此之外，我還能請到當地首長給活動站臺，請主流媒體全面報導你的培訓活動，為你背書。」

看到他連連點頭，我接著說：「我可以把我的低階業務交給你做，你把你的高階課程業務放在我的體系裡。這樣我們可以共同導流和轉化。」

「那太好了，我非常期待和楠姐的合作！」我們在歡笑和碰杯中結束了談話。

看到這裡，大家已感受到我是如何用寥寥數語把對手轉化為合作夥伴的。但我想要告訴大家的是，這些看似漫不經心的談話，其實都是我在用「商業談判四步法」精心安排的結果。

我將「商業談判四步法」總結為以下公式：

商業談判四步法＝肯定對方＋尋找突破＋提供價值＋提出共贏合作方案

如果你想輕鬆解決談生意的難題，那麼請務必看看以下我用「商業談判四步法」對這個案例的復盤。

第一步：肯定對方

面對市場秩序的破壞者，我的第一反應並不是去詆毀他。因為口水戰不僅不能解決我所面臨的危機，反而會因為論戰給他製造流量。因此，這次危機必須透過談判解決。

我開始使用「商業談判四步法」的第一步：肯定對方。

在談判中，我對他說：「你太有頭腦了，而且你的商業模式會取得很大的成功。」相比於詆毀對方而言，給予對方肯定不僅可以拉近談判雙方的距離，而且可以讓對方放下對你的戒備心理，便於完美地進入第二步：引出對方的真實意圖，找到談判突破口。

第二步：尋找突破

在對方接受我的肯定之後，我接著問對方：「你的新模式具體是怎麼運作的呢？我對此特別感興趣，你能具體說說嗎？」聽到我的提問之後，對方向我和盤托出了他的商業模式。

在第二個步驟當中，一定要注意多聽多思考對方提供給你的資訊。閉上自己的嘴巴，認真傾聽對方說的話，不能讓對方感到你對他有敵意。

對方在向我解釋自己的商業模式時，我敏銳地發現他的模式當中有個關鍵資訊：雖然他能給參加培訓的學員提供免費的上課場地，但是場地沒有專業設備，而且較為狹小，並不適合做為直播基地使用。學員學直播，肯定不想只是紙上談兵，而是希望可以在實踐中學習，因此場地是非常重要的，也是較為稀缺的。

這個看似不重要的資訊，正是我談判成功的關鍵。我與他談判的目的是將競爭對手轉化為合作夥伴，從而消除他對我的潛在威脅。要達成合作共贏，就必須能夠抓住對方的弱點，給予他最想要的東西。當下不能提供學員優質的場地，正是他的弱點所在，同時也是我談判的突破口。

第三步：提供價值

找到突破口之後，我開始了談判的第三步：提供對方需要的價值。針對他目前培訓場地的缺陷，我提出：「我正好可以提供給你國家級別的拍攝及直播培訓場地，而且能夠承接供應鏈和直播間，培訓場地完全免費。除此之外，我還能請到當地首長給活動站臺，請主流媒體全面報導你的培訓活動，為你背書。」

在聽完我能夠為其提供的價值之後，對方臉上一下子就舒展了，我看到了他眼睛裡綻放的光。我知道，他一定非常感興趣。

第四步：提出共贏合作方案

之後，我便順勢開始了談判的第四步：提出共贏合作方案。

我告訴他：「我可以把我的低階業務交給你做，你把你的高階課程業務放在我的體系裡。這樣我們可以共同導流和轉化。」

聽完我提出的合作方案，他立刻表示同意。就這樣，我用「商業談判四步法」成功化解了一次商業危機。

不論你是企業家、創業者、公司高階主管還是職場新人，只要把握好「共贏思維」，並且熟練運用「商業談判四步法」，就一定能為談判的成功打下堅實的基礎。

價格談判策略：談價格的核心，是講關係

談價格是談生意中最重要的環節之一，也是最棘手的環節之一。你是不是經常因為和客戶談價格而感到頭疼，軟磨硬泡也無法把對方的價格壓下來？你是不是為了談價格和客戶談感情，而客戶卻只和你談錢？你有沒有想過，為什麼每次與客戶談其他合作細節時都挺好，其樂融融，而到了最後談錢的環節卻容易崩盤呢？

如果不擅長和他人講價，每次和合作方談到錢都感覺束手無策，那麼我的價格談判策略正好能解決你的問題。

在提供方法之前，我想先跟你討論一個話題，那就是談價格的意義。不知道你有沒有仔細去想過，談價格本身的意義到底是什麼。當我們的談判進行到談錢這個環節的時候，是不是真的在談論「錢」本身呢？我給出的答案是否定的。

很多人把談價格看成純粹的討價還價。殊不知正是這種談判思維，讓你陷入「價格戰」的陷阱，無法談成雙方都滿意的條件。比如我開價五千元，客戶說四千元行不行？我說不行，這是最低價格了。然後，我們就在這裡為了一千元拉拉扯扯、來來回回。這樣最後能談成嗎？多半是談

不成的。這種談判思維有個很明顯的特點，就是只看價格的數字，卻不看價格背後的附加價值。

總之，關於如何談好價格這件事，關注重點不應該是在談價格本身。那麼，談價格的重點究竟是什麼呢？

想想我前面舉的那個是四千元還是五千元的例子。我們很多時候在乎的其實並不是誰要在數字上做出一點點讓步，而在於誰能在這次的談判過程中占到上風，爭奪話語權。所以，讓我們把關注點從「錢」上轉移出去，我們看看怎樣透過「不談錢」而「談錢」。

有人認為，可以只透過談交情來壓價。對此，我的觀點也是否定的，因為交情和交易有著根本區別。

加拿大心理學家黃煥祥認為，認識一個人，就像在關係中開了一個帳戶，你們彼此都有一個隱形的「好感存款」。但不應該因為喜歡對方而讓「好感」直接等於「信賴資產」，即使有感情也不該只感性地盲目相信對方。雖然信賴必須建立在交情之上，但交情不等於值得信任。就像你去買東西，銷售員親切熱情的接待讓你感覺很舒服，但不代表他所販賣的東西絕對會讓你滿意。

你要知道，**價格很冷血，是沒有溫度的，你要壓低價格，本質上是在傷害對方的利益**。所以，我們不可能僅僅用談交情的方法就能成功地壓價。有不少人認為，自己和一個客戶是老朋友了，只要談談心、聊聊交情，就能把價格談下來。然而，用這種方式談價格，經常達不到效果，還會消耗彼此的感情。因為商業活動的最大特點，就是以商業利益為根本出發點。客戶接受了你開出的價格，並不是因為你們一起喝過多少次酒，或者一同蒸過幾次桑拿，而是因為你提供的價值達到了他的心理預期，你們的商業利益達成了一致。

那麼，怎樣談價格才是最有效的策略呢？我認為，你在和客戶講價的時候，不能只講表面上的交情，一定要講關係。

什麼意思呢？因為價格很單一，你要讓對方讓步就必定會讓他的利益減少，這是絕大多數人都無法接受的。但是，關係層面水很深，在談價格的時候講關係，會有很大的周旋餘地。而且關係不能量化，用關係做為壓價工具，能夠讓清晰的價格模糊化，進而為談價格創造更大的空間。

所以，這也是為什麼我在前文中一直在強調我們要跟客戶、合作方建立關係，並且昇華關係，提升客戶對你的信任感。如何昇華關係，方法也有很多，比如想辦法投其所好、想辦法與對方共情、維護好客戶身邊的重要人物等。而我在這裡想要著重提醒的一點是，把價格差放在貨物上，只能收穫一個客戶，而把價格差放在人身上，說不定就能收穫一個朋友。所以從這個角度來講，合理利用關係是我們在談判過程中一個非常有效的價格策略。

但是請注意，在談價格的時候講關係和僅僅談交情是有著本質區別的。講關係並非將關係做為談判籌碼這麼簡單，而是將談判的博奕關係多元化，在更加複雜的談判場域中尋找更符合雙方利益的平衡點。而且，在價格談判當中能夠使用的關係也具有選擇性，並非所有的關係都能被用在談價格的過程當中。

能夠被用在價格談判當中的關係，主要包括強關係、弱關係、可期待關係。將這些典型的關係運用到價格談判當中，必須運用相對應的有效策略。下面我們將針對不同的關係類型，詳細講解有效的價格談判策略。

如何運用強關係談價格？

強關係指的是雙方利益高度一致的關係，也就是我們俗稱的「關係過硬」。如果在價格當中巧妙運用強關係，則能夠很有效地進行「殺價」。那麼，你在談判當中應該如何運用強關係呢？

舉個例子，我的一個學員是做房地產生意的，她有一位甲方，關係實力很強，甲方介紹給她一個中間運營環節的服務商，她不得不與其合作，但是這個中間商比較貪婪，在價格上一直糾纏，所以每次談價格，這位學員只能單方面讓利，使得她能獲得的利潤少了很多。但是，她用我短影片中的方法去談判之後，順利地把價格談了下來。我曾經分享的內容如下。

楠姐：高總，快請坐（倒水）。
高總：楠總，這價格也不對啊！
楠姐：哪裡不對啊？
高總：再加點。
楠姐：加不動了。

高總：我可是甲方推薦過來的。

楠姐：所以這塊交給您做啊！

高總：你再想想，怎麼甲方就沒推薦別人呢？

楠姐：您也再考慮一下。

高總：考慮什麼？

楠姐：這麼大的專案，怎麼就我拿到了呢？

從這段對話當中可以看出，一開始這位運營商的態度非常強硬，因為對方是甲方推薦的，我當然不想得罪甲方，不過想和對方商量著談成一個雙方都滿意的合作價格，實際上是非常困難的。

如果我在這種情況下只就價格的多少和對方談判，顯然會處於較大的劣勢當中。但是，我在談判中加入了強關係這個談判籌碼。

我對高總說：「這麼大的專案，怎麼就我拿到了呢？」這句話對於整個談判很關鍵，因為它向高總點明了之所以我能拿到這個案子，那一定是有比高總和甲方更穩固的關係。高總在知道這個資訊之後，就會在內心衡量一下，到底是價格重要，還是維護自己和甲方的關係更加重要。面對比自己更加強勢的甲方，高總自然會選擇維護關係。因此，我也就順理成章地爭取了自己的利益，避免了一味地退讓。

用強關係壓價格，類似於「驅虎吞狼」。本質上是表明自己的關係很穩固，我能拿到這個低價格是有原因的，請你接受這個價格，我們長期合作，對彼此都有好處。這種做法就是透過加入強關係，讓原本僅僅針對價格的談判轉圜空間變得更大。強關係的加入，也讓雙方博奕變成了多方博奕，將原本在弱勢一方的談判壓力轉移到了強勢一方。當你面對的合作方處於強勢地位，在談價格的時候你又沒有其他籌碼，那麼不妨試試加入強關係的談判策略，讓自己在談判中掌握主動權。

如何透過加強弱關係談價格？

在價格談判當中加入強關係，目的在於使用強關係給對方壓力和動力，獲得想要的價格。那麼透過加強弱關係談判，則是將原本比較疏遠的關係強化，或者讓原本沒有關係的雙方建立關係，並且透過強化弱關係產生附加價值，讓自己在價格談判中占有優勢。

要用加強弱關係的方法進行價格談判，必須在談判之前做好對方的背景調查。比如，對方是否有孩子，對方的老公或者老婆從事什麼行業，對方正在與什麼樣的客戶合作，對方周圍有沒有你認識的人等。因為你和對方是弱關係的狀態，要拉近雙方的關係，就要找到兩個人建立關係的突破口。在談判之前做背景調查，就是要達到這個目的。

做好背景調查之後，還應該對自身能夠給對方提供的附加價值做出評估。比如，對方的家人生病，你恰好認識某個醫院的醫師，就可以用你掌握的資源做為合作的突破口。或者，對方一直希望和一家大公司合作，但是苦於無法和這家公司搭上線，你如果能幫忙牽線搭橋，那麼就會瞬間拉近雙方的關係。對自己能夠提供給對方的資源進行評估，是要看自己能否給對方提供附加價值。當你能夠提供的附加價值正好是對方需要的，在談價格時就可以透過這一點爭取更大的議價空間。

當你的附加價值高的時候，你與對方談價格，對方普遍會選擇讓一步。因為最高的價格只是對方的心理價格，你為對方提供的附加價值，本身就會在無形中被計入對方的價格評估系統。做好背景調查以及自身資源的評估之後，就可以進入實質談判的階段。

舉個例子，我與一個網紅談合作，在談到分成比例的時候，我提出給她的抽成比例為15%。這個價格顯然不符合她的心理預期。

於是，我對她說：「我知道，給你15%的抽成比例，相比於其他公司而言，這個條件並不高。但是我可以提供你工作室，這樣你不需要自己另外組建團隊，反而能降低成本，你只需要專注在你擅長的創作領域，不必再分心於你不擅長的經營及成本控制，這樣對你來說更加長遠，對現階段也更為有利。」

見她點了點頭，但並沒有馬上心動。我接著對她說：「聽說你的孩子正在找國際幼兒園入學？這件事辦得還順利嗎？」

那個網紅說：「我一直在找，但是還沒有找到合適的。我想讓孩子每天只上半天學，找了很多國際幼兒園，還沒有找到能滿足這個要求的。」

我對她說：「你的這個要求，一般的國際幼兒園是無法接受的。但是，我有個朋友是一家知名國際幼兒園的校長，我可以和他商量一下，應該可以滿足你的要求。」

這時，我已經成功拉近雙方的距離，我們之間的弱關係也變成了強關係。而我給她提供的附加價值，比如提供工作室、營運團隊和幫她的孩子找合適的國際幼兒園，正好彌補了她抽成價格的心理落差。所以，她最終選擇和我合作。

復盤這個案例時，我們可以看出，我提供給她的附加價值其實都是我的現有資源。可以說，這些資源對我來說，是不會造成壓力、相對輕鬆的。但是，就對方而言，這些資源卻能解決她的燃眉之急。如果能和我合作，那麼她得到的價值遠遠高於這15％的抽成，她自然很乾脆地接受了這個比例。

如何建立可期待關係談價格？

除了運用強關係和加強弱關係談價格，建立可期待關係也是談價格的好方法之一。

什麼是可期待關係呢？舉個簡單的例子，當你去相親的時候，你和相親對象之間就是典型的可期待關係。這種關係的典型特徵就是，你和對方並不熟悉，甚至完全沒打過交道，但是一個共同的目標將你們連結在一起。在商業合作中，雙方基於對未來的共同期許，你們可以透過一起合作，讓雙方的利益最大化。

面對第一次合作的新客戶時，建立可期待關係是拿到理想價格的有效方式。因為你與客戶並不熟絡，雙方可交換的資源並不多。而且，由於雙方都沒有共事過，難免處於利益權衡甚至相互猜疑的狀態。建立可期待關係，就可以拉近你和客戶的距離，為談價格打下基礎。

如何建立可期待關係呢？請看公式：

可期待關係＝附加價值＋期許

建立可期待關係需要既給對方附加價值，同時也要給對方留下對未來的期許。心理學中有個畢馬龍效應，是指透過對他人心理潛移默化的積極影響，從而使其取得原來所期望的進步的現象，即對人們的期望值越高，他們的表現就越好。比如，教師寄予很大期望的學生，經過一段時間後測試，他的學習成績相對於其他學生往往會有明顯的提高。

期待是非常具體的，能夠在行為上或語言上、態度上表現出來。在我們內心深處，我們對自己、對他人有期許，他人對我們也有期待，我們也需要很清楚地瞭解彼此的期待。因此，在價格談判的過程當中，對你的談判對象做出可預期的承諾，就是在其潛意識當中植入期待。這會在很大程度上影響對方在談判中的心理狀態，在價格選擇上做出讓步。

我在和別人談價格的時候，也經常被對方提供的期許和附加價值影響。就拿這次出書的合作來說，我在選擇合作夥伴的時候，並沒有選那些版稅率更高的出版社，而是選擇了能給我提供更多附加價值、讓我對未來產生期許的合作夥伴。因為我們在談價格時，對方承諾不僅可以保證書稿的品質，而且在我寫完書稿之後，會搭配非常專業的宣傳和豐富的管道資源。除了出版合作，對方還給我分享篩選好書的方法，讓我瞭解到當下的讀者更喜歡什麼樣的作品。此外，當瞭解到我要創作網路課程，還主動提出可以幫我對接網路課程的營運資源；當我提出我的商學院未來會組建一個讀書會時，這家出版社也提出願意成為我的夥伴，提供給我不是十分瞭解的行內資訊。

這樣的合作夥伴可以持續不斷地為我提供價值，做為著眼於未來的人，我當然非常願意和他們合作。

對方在談判中釋放我沒有的資源，為我提供寶貴的附加價值，做出對未來的承諾，讓我形成了心理期待，這對我的心理價位造成引導，最終讓我同意了他們提供的低於同行的版稅率。

價格談判是人與人之間的談判，談的是價值，而不僅僅是價格。你在談判的過程當中，必須隨時掌握對方的心理狀態，在準確瞭解雙方談判形勢的基礎之上，運用強關係、加強弱關係、完成可期待關係，對談判對象進行心理引導，從而在壓低（或提高）價格的同時，實現雙方價值的最大化。

遠離價格談判中的「絆腳石」

管理大師傑克·威爾許說過，做生意是個不斷篩選客戶的過程。一個成功的生意人，就像優質客戶「收割機」，一定會想方設法地把有價值的客戶留在自己的交際圈裡。當一個陌生客戶成了回頭客，說明你已經拿下這個人，能為對方提供更多的價值。同時，你也可以從對方身上不斷挖掘價值。

優質客戶往往不會在價格上和你計較，他們更在乎的是你能為他們提供的其他資源。在你們合作的過程中，你只要能給他們不斷提供附加價值，即使你的價格並非最合適，他們也會毫不猶豫地選擇你。

相比於優質客戶而言，劣質客戶是你必須遠離的群體。劣質客戶的普遍特點是以自我為中心，很少會在意對方說什麼。具體到價格談判當中，這類客戶會不斷壓低你的價格。優質客戶能夠聽懂你說什麼，並且站在你的角度去考慮問題。

但是，劣質客戶從不會去聽你說什麼，他們的心中只有自己。你很難與這類客戶達到共贏的狀態，所以要多選擇優質客戶，淘汰劣質客戶。

我在遇到劣質客戶惡意壓低或抬高價格的時候，就會果斷終止合作。

有一天，同事暢來找我：「楠姐，石總一定要找你。」

我有些納悶，暢從一個多月前就在對接這個石總了，到現在還沒有進展，看來很棘手。

石總見到我之後，開門見山：「楠總，這個價格我還不滿意。」

暢帶著不滿的語氣補充道：「楠姐，總共十幾萬元，我給石總都優惠五次了。」

我接過合約看了一眼，這已經接近底價，然後果斷對石總說：「這個價格確實不行。」

石總得意地說：「哼，我說吧，還得找你。」

我再次強調：「您誤會了，您這個價格我做不了。」

石總有些生氣：「你不做，有的是人做。我可以找別人。」

我笑道：「好啊，您慢走。」

暢問我：「楠姐，不是都說顧客是上帝嗎？我們這麼直接拒絕，算得罪上帝了吧。」

我說：「可惜啊，他不算我們的上帝。」

「算什麼？」暢問。

我回答：「絆腳石。」

在和石總的談判過程中，暢已經給他優惠五次，這已經是我們能做出的最大讓步。但是，石總卻一味地壓低價格，得寸進尺，這就是典型的劣質客戶的表現。對於這種劣質客戶，你的第一選擇就是將其從你的客戶名單中劃掉。尤其是像石總這樣的客戶，我們的合作案本身不大，只有十幾萬元，卻耽誤了大量的時間，浪費了資源。這樣的「絆腳石」，當然要盡快搬走。

我的公司在簽約網紅的時候，也非常注意對方在談價格時候的表現。有些網紅懂得感恩，雖然也會談利益，但總會帶著共贏的心理。他們能夠站在你的角度考慮價格，事實證明，這樣的夥伴就可以合作很長的時間。而且在我們的合作中，也很少會因為一些雞毛蒜皮的事產生衝突。

相反，有些網紅在談價格的時候，會反覆強調自己的需求，比如要賺更多的錢、要買房和換車等。他們並不聽你傳遞的資訊，而是站在自己的立場讓你不斷加價，即使你已經提供了足夠的附加價值。這種人毫無同理心，非常不適合長期合作。

透過談價格，你可以立刻判斷出一個客戶的優劣，決定雙方是否要做生意，精準「避坑」。你要記住，客戶並非越多越好。你在累積客戶的同時，也要學會做減法。透過談價格，識別出客戶的好壞，不斷累積優質客戶，剔除劣質客戶，讓你的生意進入良性循環。

【說服策略】

試圖說服別人，正是你談判失敗的原因

你一定聽說過這些觀點：想要說服對方就必須營造一種「霸氣」的氛圍，要用氣勢去說服對方。或者，只要你的邏輯夠清晰，資料準備得夠詳實，別人就會跟著你的思路走，最終被你說服。你知道嗎？這些看似有道理的說法，正是你無法說服別人的原因！

事實上，我認為「說服別人」這個說法從本質上並不成立，每個人的需求、三觀和想法都不同，讓別人聽你的很難。真正的談判高手，從來不試圖去說服對方，而是善於站在對方的角度思考問題，把說服對方變成成就對方。

比如，我們在玩劇本殺的時候，「貼臉」這種玩法是最容易穿幫的。「貼臉」就是那些明明拿了狼人牌的玩家，非要聲淚俱下地讓人認為自己真的不是狼人。你仔細想想，「貼臉」不就是那些非要聲嘶力竭地說服別人的人嗎？這類玩家往往會第一個成為被所有人懷疑的對象。

現實生活中同樣如此，一個女孩和男朋友分手之後特別消沉。這時很多關心她的人會說：「你看世界多麼美好啊，幹麼為一個男人不開心呢？」「三條腿的蛤蟆不好找，兩條腿的男人有的是，

再找一個吧！」「人要有正能量，你可不能再消沉下去了！」這些道理聽起來都很正確，但是這個女孩聽完之後，多半只會更加傷心，因為沒有人是站在她的角度考慮問題，都是在否定她當下的情緒。如果你是她的閨密，對她說一句「沒關係的，我理解你的難過，想哭就哭出來吧。我會一直陪伴你，支持你！」則更能解開她的心結，遠遠勝過那些說教。

所以我總是說，當你試圖說服別人的時候，你已經埋下了談判失敗的伏筆。因為你的這種做法，往往會收到相反的效果。

讓別人認同你的想法，必須關閉對方的心理防禦模式

為什麼你越試圖說服對方，越適得其反呢？因為當你說服對方時，他的內心會自動開啟心理防禦機制。佛洛伊德認為，心理防禦機制是指個體面臨挫折或衝突的緊張情境時，在其內部心理活動中具有的自覺或不自覺地擺脫煩惱，減輕內心不安，以恢復心理平衡與穩定的一種適應性傾向。當一個人試圖說服你時，對方的語言在直接挑戰你當下的決策和觀念，這就是一種衝突，而面對這種衝突，你的第一反應往往是否定和拒絕。

心理學上有一個現象可以佐證這個觀點，那就是逆火效應，它解釋了一個人為什麼越被說服，反而越「固執」。逆火效應的意思是，當人們遇到與自身信念牴觸的觀點或證據時，除非它們足以完全摧毀原信念，否則這些觀點和證據反而會使原信念更加強化。很多人都遇到過這種情況，

比如家裡的老人非要給騙子匯錢，攔都攔不住，連警察和銀行勸阻都不信。抑或是老人喜歡買保健品，無論子女怎樣提出事實、講道理，拿出報紙上的新聞給老人看，拿出一大堆科學數據試圖勸說老人，老人都依然固執己見，甚至有的時候，你勸說得越凶，老人買得越多。

再比如，有的年輕人追星時特別狂熱，喜歡某個明星，就只願意相信這個明星的正面消息。如果那個明星出現負面新聞了，不僅不會摧毀追星者心中的那個完美偶像，反而還會讓他們強化這種喜歡，這就出現了明星「負面新聞越多，粉絲越喜歡」的奇怪現象。

再舉個例子。我在去美髮店整理頭髮的時候，經常被髮型師纏著推銷各種會員卡和護膚品。一開始，我也許會礙於情面買一兩件產品，不過時間久了之後，我可能再也不會到這家店了。因為這樣的溝通方式，讓我的心理防禦機制完全打開。在這種狀態下，他不論提出什麼建議，哪怕他的建議真的對我有用，我也會直接否定掉。這種嘗試說服別人的溝通方式，顯然是非常失敗的。

我們都會認為改變別人錯誤觀點的最好方式就是用事實說話。但是，這種我們認為是溫和的反駁很可能產生反作用。好的溝通方式，需要先弄清楚對方的真正需求，表示對對方的理解和支持，可以適當提出事實，但最終要將選擇權利留給對方。

也許有人會說，說服別人本身就是一種進攻狀態啊，將選擇權讓給對方，難道不怕對方反客為主嗎？

在談判當中，說服別人本質上是一種博奕狀態。博奕就意味著你來我往，而如果只知道進攻，最後往往會導致你們的對立及衝突，這樣就會讓談判變成成王敗寇的死局——誰也不想成為那個被徹底打敗的人。

一個談判高手，從來不會把談判變成這種死局。一旦雙方陷入死局，對方就會覺得你是來攻擊他的。這時候，他的壓力反應會讓他處於封閉狀態，完全不會理解對方傳達的訊息。在談判或者溝通當中，站在對方的角度考慮，給對方留些餘地，反而會拉近雙方的距離。讓雙方進入一個相互信任的狀態，這也會讓你的溝通和談判邁出成功的第一步。

雙方達成一致，真的是因為你說服對方了嗎？

在談判當中，對方接受你的要求或者提議之後，你會覺得是自己說服了對方，但事實真的如此嗎？我認為，談判雙方達成一致，並非因為你用表面的話術說服對方，而是對方認為你和他的利益一致，你把他變成了自己人，抑或是他把你變成了自己人。

其實，這個道理從古至今都沒有變過。相信稍微瞭解一點《三國演義》的人，都對諸葛亮舌戰群儒，促成孫權和劉備的聯盟印象頗為深刻。當你折服於諸葛亮精湛的外交詞令時有沒有想過，諸葛亮的成功並非因為言詞有多麼犀利，而是因為他的話說到了孫權的心坎裡。

我們看看當時孫權的處境就會知道，東吳外有曹魏大兵壓境，內部有許多權臣主張投降。對於那些大臣而言，投降曹魏只不過是換個主子。但是對於孫權來說，投降一定會身敗名裂。所以，他的內心是不想降曹的，只是面對強敵沒有抵抗下去的理由。

而諸葛亮的出現，則為孫權釐清了聯劉抗曹的好處，既符合孫權的利益，又能讓劉備得到千古難逢的發展機遇。於是，孫劉兩家在聯合抗曹這件事上達成利益一致，孫劉聯盟就這樣被諸葛亮促成了。

你也許會說，這些歷史故事離我太遙遠，我一個小業務員就想談成一紙合約，我該怎麼做呢？接下來的這一小段對話示範，一定會對你有所啟發。

楠姐：恭喜劉總得標呀！

劉總：僥倖僥倖！

楠姐：確實要向您學習，各個方面做得很細緻，我輸得心服口服。

劉總：楠總過獎了。

楠姐：劉總，精裝部分交給我做怎麼樣？

劉總：這……

楠姐：您知道這部分我是強項，我給您底價，比您自己做最起碼省十個點。

劉總：嗯……我回去考慮一下，

楠姐：我們雖然是競爭對手，但也可以是合作夥伴。

劉總：是的。

楠姐：我誠心合作，保證您的利益最大化，當然對我公司也好。

劉總：好，就這麼定了，我相信楠總。

楠姐：謝謝劉總，合作愉快！

從以上這場對話中我們可以看出，做為競爭對手，我與劉總之間是很難合作的。但是，我們為什麼最終達成合作呢？因為在溝通中，我不僅向對方表達了祝賀、肯定和尊重，還提供給對方後續合作上的價值，告訴劉總我可以給他計劃實作環節業務上的底價，比他自己做最起碼省十個點。兩家如果合作，那麼就會優勢互補，達到利益的最大化。所以，即使是劉總這樣的競爭對手，只要雙方利益一致，我也可以將其拉到同一戰線。你看，這場對話非常簡單，我沒有用一大堆的大道理來拚命說服對方，只是精準地把關鍵資訊傳達給對方，從情緒和利益上滿足對方即可。

說服公式：如何說服最「難搞」的人？

現在，你已經知道說服對方靠的不是道理，也不是氣勢，而是從情感和利益上成就對方。在實際的談判當中是否依然感到束手無策？如果答案是肯定的，我的說服公式一定會對你有所幫助，公式如下：

說服別人＝肯定對方＋達成利益一致＋昇華關係＋相互成就

這個公式分為四個步驟：

其一，肯定對方；

其二，達成雙方利益的一致；

其三，昇華雙方關係；

其四，相互成就。

我經常用這個公式解決許多棘手的問題，面對一些難以搞定的談判對手，用這套公式總是能收到出其不意的良好效果。

比如，我在做短影片電商之初，想邀請一位部落客一起合作。但是，這位部落客是出了名地難搞，曾經有許多老闆邀請她合作，都被拒絕了。我分析了一下，因為這個人有自己的流量和營運團隊，她完全可以獨立運作。她認為，如果自己再接受其他合作者，就意味著要與別人多分一杯羹，會對自己造成損失。

要說服這個人是非常困難的，但是我卻透過一次聊天，讓我成為她唯一的合作夥伴。

見面之後，我便對她說：「你這麼優秀，不紅太可惜了！」這麼說是因為我提前做了功課，不僅研究她的履歷，還看了她所有的影片作品，知道她想要什麼。

對方先是一怔，然後笑著說：「楠姐過獎，我想紅也沒有這方面的資源啊！」

「楠姐有很多媒體、導演和明星資源，比如×××就是我的合作夥伴。」我一邊說，一邊注意她的表情，明顯看出她眼前一亮。

「而且我們都是女人，都有孩子，我很能理解你的不容易，我們可以當姐妹相處。合作這件事，談得來是最重要的。」我接著說。

「我也覺得和楠姐很合得來。」她說。

「你看你這麼優秀，我真心覺得你能更好。我手裡的這些資源，你都可以用。不僅能提升影響力，增加更多的曝光機會，而且相信後續的收益也能有所提升。」我說。

她心動了，說：「楠姐有什麼好的合作計劃嗎？我覺得我們可以一起做點事。」

我把事先準備好的合作方案向她詳細講述了一遍，她聽後很感興趣，雙方很快達成合作協議。我給她做私域流量，幫她開店、做自有品牌，雙方共同贏利。

你一定覺得，這段對話也太簡單了吧，看不出來有什麼玄機啊。因為在這次談話之前，我就已經研究和分析對方的需求。雖然她是個小有名氣的部落客，並且不缺錢，但是她的虛榮心還是很強的，希望能有機會走紅，得到更多主流媒體的曝光。這些她自己沒辦法獲得，而我卻可以提供給她想要的資源。接下來，我用說服公式展開了和她的溝通。

第一步：肯定對方

我在一開始就對她進行肯定和啟發，對她說：「你這麼優秀，不紅太可惜了！」這句話簡單而有力。說這句話的目的在於，肯定她的成績從而拉近兩個人的距離，並且激發她的虛榮心。

第二步：達成利益一致

接下來，我列舉自己擁有的明星、媒體、導演資源。這既是展示自我價值，同時也是告訴對方，如果我們合作的話，可以達成利益的一致。

第三步：昇華關係

緊接著我對她說：「我們都是女人，都有孩子，我很能理解你的不容易，我們可以當姐妹相處。」這句話向她傳遞了一個訊息，就是我們都是做母親的人，有很多不易和共同點，我們可以更加親近。這樣就在無形中昇華了兩個人之間的關係。這一步非常重要，可以讓我們建立無形的情感連結。

第四步：相互成就

談話進行到這裡，很多人就會直接提出合作的提案了。但是，這樣做反而會激起對方產生心理防禦機制。因此，我並沒有急著向她提出合作，而是向她保證可以給她想要的資源，讓對方感到我只是想要成就她。此時，對方反而會放下戒備心理，主動找我要合作方案。

有人說，人際關係中最難的事情有兩件，一是將別人的錢裝進自己的口袋，二是將自己的觀點裝進別人的腦袋。談判高手都懂得一個簡單的道理，那就是沒有人能夠被說服，除非這個人自己想改變。因此，說服對方實際上是個偽命題。如果對方贊同你的要求，並不是因為他被你說服了，而是因為你的語言滿足了他的心理需求，而且你的提議正好精準地滿足了他的利益需求。當你明白了這個底層邏輯，並且能熟練掌握說服公式，那麼不論遇到多麼難搞定的對手，你都能處變不驚、靈活應對。

Chapter 4

高情商談判法則：讓情緒為你所用

心理學家鮑里斯·洛莫夫認為溝通有三類：一是訊息溝通，二是思想溝通，三是情緒溝通。

要成為談生意的高手，僅僅掌握一些表面的談判技巧和話術還遠遠不夠，我們還需要精準掌握談判的情緒、心理和思想，真正獲得他人的信賴。

情緒工具：如何掌控雙方的情緒？

情緒是工具

一次商業聚會的時候，學員Amy向我抱怨：「楠姐，我的一個合作夥伴爆出負面消息，肯定沒辦法繼續合作下去了！但是，他和我大吵大鬧，賴著我不想解約，弄得我特別被動！真是氣死了！我該怎麼辦啊？」

如果你談的合作足夠多，一定也遇到過和Amy一樣的問題吧：談判的時候，對方情緒失控；你帶著情緒談判，不僅自己心亂如麻，而且談判的目的也沒達到；你經常覺得自己如果沒情緒就好了，這樣就不會在談判的時候被雙方的情緒帶偏。

如果你有這些想法，那麼你真的需要掌握我經常使用的「情緒工具」，因為「情緒工具」不僅能幫你掌控談判雙方的情緒，而且還能夠讓你在談判當中獲得出其不意的良好效果。

你的情緒，正是幫你通向成功的寶藏

你也許會問：「楠姐啊，我也試著運用自己的情緒，但為什麼我的情緒總是在談判的時候起到負面作用呢？」其實，你的情緒之所以沒辦法在談判當中起到正面作用，關鍵在於你沒有將情緒當成工具，你的一舉一動只是出於本能而已。

人的大腦當中最神祕的地方，就是我們腦後的杏仁核，那裡是最原始的掌管我們情緒的那個部分。很多人由於缺乏對情緒的訓練，杏仁核特別缺乏控制力。外界稍微有點風吹草動，都會讓它情緒失控。你要讓情緒成為你成功路上的寶藏，就必須轉變你的思維模式。學會用你的意識去調動情緒，而不是讓你的頭腦被情緒調動。

比如，我的朋友圈中有個特別優秀的商業顧問，她能夠透過客戶的情緒，準確洞察客戶的需求，客戶想要什麼她都知道。後來，我在和她聊天的過程中才知道，原來小時候她的父母經常吵架，然後每天回到家，她都要先觀察一下家庭氛圍怎麼樣：今天是大聲說話還是小聲說話，能不能把不好的消息告訴爸媽，她應該用什麼情緒去和父母講話。也正是因為從小進行的這種情緒感知以及情緒控制的訓練，所以她洞悉客戶心理的能力特別強。而且，她總能採取正確的情緒去應對客戶。

當然，我舉這個例子的意思不是說家庭關係不和諧的孩子更有這方面的能力，而是告訴大家，你的情緒潛能非常重要。只要你用對「情緒工具」，肯定會在談判當中如虎添翼。

那麼，如何使用「情緒工具」呢？我將其歸納為以下幾項要點。

時刻不要忘記你的目標

明確你的目標，並且以你的目標為出發點採取行動，是用好情緒工具的第一步。

就拿Amy這個事情來說，我在創業之初也遇到過類似問題，最後用情緒工具很順利地解決了這件事。

艾倫是我轉型做直播之後的第一個合作夥伴，他非常善於經營私域流量。但是，這個人有個不好的地方，就是特別不會管理自己的情緒，稍微有點不順心，就會和同事爆發衝突。我在評估這個合作夥伴的時候，也考慮到艾倫情緒失控可能帶來的風險。但是，經過權衡之後，還是決定和他進行一次合作，畢竟那時自己也非常需要經營私域流量的高手。然而沒想到的是，正是這個決定，差點給公司造成負面影響和打擊。

一開始，我和艾倫的合作還算順利，他只負責流量營運，不負責選品及供應鏈。但是艾倫的公司很快就因為他在用戶群中銷售不合規定的產品被消費者起訴，陷入嚴重的負面新聞當中。但是，他並沒有在事態發展之初主動告知我，而是我透過負面新聞才得知的。加之這件事發酵後他的公關危機也沒有做好，使得負面消息迅速在全網發酵，其他合作公司也紛紛與艾倫解約。

看到這個消息之後，我馬上和艾倫聯繫談判，協商解除合作的問題。這本來應該是一場速戰速決的談判，不想卻因為艾倫的情緒缺陷，差點陷入不可控的風險當中。

那次談判雖然發生在夏天，但是談判現場的緊張氣氛顯然已經降至冰點。

我指著雙方簽訂的合作合約對艾倫說：「因為您的公司現在深陷負面消息當中，已經符合了合約的解約條款，所以我希望解除我們的合作關係。」

聽到這句話之後，艾倫臉漲得通紅，立刻從沙發上站了起來，指著我大聲喊道：「你這叫什麼話?!我現在不正在處理這件事嗎?!我又沒給你的用戶提供產品，我出問題只是在我自己公司這邊，這和我們的合作有什麼關係?!你這時候落井下石合適嗎?!」

如果是個生意場上的新手，八成會被對手的情緒帶著跑，和對方爭執甚至對罵起來。但是，如果你這樣做，就正好掉入對方設下的圈套。你要時刻記住，談判的人有情緒，歸根結柢是因為有利益衝突。你不要陷入情緒當中，要始終以達成目標為基點，去解決利益衝突。而不是出於本能，讓你的負面情緒影響談判。所以，我靜靜地看著暴跳如雷的艾倫，心中並沒有產生任何慌亂，因為他的反應正是我事先預料到的。

重複是最好的強調

我並沒有刻意去安撫艾倫的情緒，而是做出憤怒的樣子對他說：「我今天就是來和你解除合約的！你如果不出意外，我們的合作也不會出意外！」

「我從來就沒見過你這麼強勢的女人！我憑什麼要同意解除合約?!我在前期合作當中投入很多！解除合作是不可能的！」此時的艾倫依然大喊大叫不屈不撓。

「我今天就是來和你解除合約的！你如果不出意外，我們的合作也不會出意外！」我依然用強硬的語氣，重複著這句話。

聽到我重複這句話，艾倫先是愣了一下，然後用稍稍緩和的語氣對我說：「我這邊確實是遇到一些困難，但是合作肯定是可以完成的，你真的不需要解約！」

「我今天就是來和你解除合約的！你如果不出意外，我們的合作也不會出意外！」我再次重複著這句話。

艾倫沉默了一會兒，情緒逐漸恢復平靜，他深吸一口氣說：「那好吧，你說說你的打算。」這時，我和艾倫的這場談判已經成功了一大半。

為什麼會有這個判斷呢？因為我參與這次談判的目的是解除合作關係，那麼對方在哪些情緒之下會做出不合作的決定呢？

第一種情緒是**愧疚**。如果對方產生了請求原諒、對不起、不好意思等情緒，多半會對你做出讓步。比如，你的男朋友約會的時候遲到了半個小時，這時你如果向他提出讓他陪你逛街的要求，那麼他多半會同意。因為基於愧疚情緒，他會覺得自己欠你的，因此很容易做出妥協。

第二種情緒是**指責**。當你在對方做錯事情時，假意指責對方，那麼他有很高的機率會產生羞憤的情緒。在這種情況下，你就可以利用對方的這種心理，讓對方掉入你的談判節奏。我和艾倫之間的這次談判，用的就是第二種情緒。

所以，分析情緒是使用情緒工具時最為重要的一個步驟。如果你不能準確找到應對談判對手情緒的策略，那麼即使談判目標明確，也很難達到預期的談判效果。

很多小夥伴可能會說，明確談判目標、分析情緒這些我在談判之前都會準備，可是面對情緒失控的談判對手，我應該怎樣展示我的情緒，達到談判目的呢？其實，「重複」最能表達你情緒和目的的那句話，是展示情緒最好的方法，因為最好的強調就是重複！我不斷地重複「我今天就是來解除合約的！如果你不出意外，我們的合作就不會出意外」這句話，就是為了強調我的目的和決心，也表達我不滿的情緒及其原因。

心理學家馬斯洛有個「錘子理論」，意思就是如果一個人沒有任何工具，你只要給他一把錘子，那麼他會把遇到的任何問題都當成釘子，都想上去捶兩下。這個理論同樣可以用在商業談判中。

比如，我和艾倫的這場談判當中，艾倫在聽到我想解約時，情緒處於完全失控的狀態。你如果在這個時候和他講道理，他八成是聽不進去的。你想讓他冷靜下來，最好的辦法就是「給他一把錘子」，透過不斷重複，讓你的談判對象明確接受你所傳達的情緒訊號。你傳遞的訊號，讓他像在手頭沒有工具的情況下，突然撿到一把錘子，而他就會迫不及待地用這把錘子敲向他正在面對的問題。不知不覺中接受了你的心理暗示，在冷靜下來之後，他就會按照你早已設計好的劇本談判。

牢牢掌握你的底線

亮明底線是商業談判中最重要的步驟，很多新手之所以沒能在談判中達到自己的預期，很可能是因為在談判時沒能給對方劃好底線。

比如，我在一家外商企業工作的時候，有個主管經常在半夜十點多的時候交代新工作。但是，公司的工作條例明確規定，下午六點為打卡下班的時間。

於是，我仔細檢查自身工作，並確定沒有任何紕漏之後，這位主管又一次半夜交代工作時，我對主管表明我一定會保質保量完成您交代的任務，但是在下班之後，希望您能留出一些私人時間給我，這樣我也能更好地完成工作。自那之後，主管深夜交代工作的事情就很少發生了，這與我提前劃定了工作時間的底線有直接關係。

你可能會問，底線思維在談判中是否適用呢？答案當然是肯定的。

還是以我和艾倫的談判為例，當艾倫冷靜下來之後，我對艾倫說：「我的要求很簡單，首先，你必須為因你的不當行為而給我公司帶來的負面影響向我道歉，之後我們盡快解除合作協議。這是我的底線，如果不能達到這兩個要求，其他的事情免談，你有什麼條件也可以現在提出來。」

艾倫思索片刻說道：「我可以向你道歉，但是我之前合作經營的私域用戶群必須恢復合作。」

「這個是不可能的，但是你之前在合作經營中產生的所有收益，我可以分文不取。但是需要你在群內公開發表聲明，告知用戶我們已正式解除合作，並主動退出用戶群，以及盡快簽署解約合約。」我向艾倫提出我的要求，並等待著他的答覆。

他沉思良久，最後點頭同意解約。

從這場談判可以看出，我向艾倫提出的解約條件，實際上會讓自己在已有的收益上遭受損失。不過，相比於這點損失而言，我最終達到了自己的目的，將公司的風險和損失降至最小。這個結果對於已經出現的公關危機而言，已經非常划算了。

在上文，我分享了利用憤怒情緒的方法。如果你碰到難纏的談判對手，不妨按照以下步驟，利用憤怒情緒達到你的談判目的。

第一步：明確談判目標。比如我在案例中的目標是解除合作協議。

第二步：分析談判對手可能出現的情緒反應，比如愧疚、憤怒等。

第三步：向對手展示你設計好的憤怒情緒，並且不斷地重複，讓對手準確接收你傳遞的心理暗示。

第四步：當談判對手冷靜下來之後，明確劃定你的底線。

第五步：讓對手提出條件，並且在底線範圍內做出最小限度的犧牲。

第六步：與對手達成一致，實現談判目的。

委屈情緒是你達成談判目標的利器

在以上案例中，我運用了「憤怒」這個情緒。但如果你問我，在情緒工具當中，哪種情緒最好用？我會告訴你，委屈也是實現你談判目標的最有力武器之一。

如果你是男生，你也許會說：「楠姐，我從小就被教育『男兒有淚不輕彈』、『打碎了牙要往肚子裡嚥』，絕對不要在你的對手面前表現軟弱的一面。你怎麼說委屈是談判最有力的武器呢？」

確實，我們接受的教育告訴我們，面對委屈的時候一定不要輕易表露出來，否則會被認為是軟弱，或者給別人留下口實。

然而，美國社會心理學家羅森塔爾提出，人類之間交往最基本的規則就是社會交換。其意思是，人與人之間的互動實質是酬賞與報償間的交換，人的一切行為都是帶有目的性的，為了獲得報酬或者是酬賞。

當你讓別人適當地幫你做些小事的時候，會讓別人有存在感，會讓人心裡覺得溫暖。實際上，你向別人表露出了自己的委屈，並且請求別人的幫助，是在給別人提供心理價值。而那些幫助你的人，在幫忙的過程中，也得到了心理報償。

中國有句老話，「會哭的孩子有奶吃」。這句話有兩層涵義：一是「會」，善於把自己的需求表達出來；二是「哭」，懂得示弱。透過示弱這種方式來謀得權益，實際上是一種博奕。「哭」

本身是一種示弱，傳達了一種你需要別人的訊號，接收到訊號的人才有機會和你產生互動。

這是一個雙贏的過程，人與人之間的關係因為互動才變得更加緊密。誰也不需要誰並不是一個好現象，自己完全獨立，好像是給自己的世界圍了一面牆，保護自己不受到傷害的同時，也讓別人沒有了親近你的機會。

善於利用自己的委屈情緒達到目的的人，相比於將委屈藏在心裡的人而言，更加容易得到別人的幫助，也更加能夠運用情緒工具達成自己的目的。

用眼淚沖走你的職場絆腳石

運用委屈情緒，不僅能夠在談判中占得先機，同樣也可以讓你在職場中出奇制勝。在這方面，我可以分享很多成功案例，這其中最讓我印象深刻的，是我曾經的一位女主管用一場大哭將她的一個職場競爭對手連根拔起。

在創業之前，我曾在一家網路公司上班，當時的部門主管Helen是一位工作能力很強的女性。據說她因為業績出色並受到主管的信任，曾經短時間內就從員工晉升到了部門總監。職位提升之後，各種衝突也隨之而來。其中，一個叫劉姐的人在暗地裡用謠言中傷她，是對她升職之後職業生涯的最大威脅。

因為Helen的晉升和工作業績威脅到了劉姐在公司中的地位，她經常向高層主管打Helen的小報告，並且在同事當中散布對Helen不利的言論。然而，劉姐還表面上維持著和Helen的良好關係，平時聊天也是一口一個「親愛的」叫著，讓Helen即使想生氣也找不到爆發點。

你在職場中是否也遇到過類似問題？那麼面對這類人的時候，我們只能選擇默默忍耐，或者乾脆置之不理嗎？要是你採用這種應對方式，很可能會導致事態惡化，最終不但衝突沒有解決，反而讓自己在公司裡越來越混不下去。

如果你也遇到過相同的狀況，那麼我接下來分享的Helen扳倒劉姐的辦法值得你借鑑。

Helen在分析自己所面臨的職場危機之後，立刻定下了一個目標——必須扳倒劉姐，不能讓她繼續干擾自己的工作。

機會說來就來。公司接到了一個非常棘手的公關案子：不但要在短時間內打通所有媒體關係，還必須將策劃、執行、宣傳、報導等一系列工作統統搞定。最讓人頭痛的是，公司基本上不會給這個案子撥任何經費。

我記得在當時的部門會議上，部門副總裁把這個案子提出來之後，整個會場鴉雀無聲。即使是在公司長期擔任要職的高階主管們也都面面相覷，不敢輕易發言，生怕這個燙手山芋落到自己手上。

副總裁掃視了整個會場，那些高階主管的反應讓他感到非常失望。平日裡向他拍著胸脯要和公司共患難的人很多，自認為工作能力出色的也大有人在。但是，到了需要為自己分憂的時候，卻沒有一個人能站出來解決問題。

「我來接這個案子。」這時Helen用清脆的聲音打破了沉默。

副總裁先是興奮地將目光投向Helen，但是一瞬間這眼神變成了質疑。他一定在想，這個剛剛被提升上來的Helen，真的能解決這個難題嗎？

Helen看出主管的心思，立刻說道：「我可以用一週的時間，帶著我們部門的李楠來搞定這個案子，而且不需要公司一分錢的經費。如果我無法完成任務，我可以讓出這個總監的位子，重新去做我的小職員。」

Helen堅定的語氣打動了副總裁，當即拍板把這個案子交給她處理。

在接到任務之後，Helen帶著我立刻開始廢寢忘食的工作。在那一週當中，我們幾乎沒有睡覺，兩個人解決了從策劃、媒體對接到舉辦新聞發布會，再到宣傳和報導的所有問題，並且妥善處理了各種突發事件，沒有向公司伸手要一分錢。還好，Helen平時就累積了大量的媒體資源，媒體朋友們也都盡心竭力地幫助她，最後，這個案子被我們完美解決，受到公司的表揚。

這個案子的完美執行，讓Helen得到公司主管的信任，也為她的「絕地反擊」做好了鋪陳。

讓委屈成為你的「職場撒手鐧」

在被全公司通報表揚之後，部門副總裁將Helen和我請到辦公室。「Helen，你這次的表現實在太出色了，簡直超出我們所有人的期待。你們想要什麼獎勵可以隨便提，只要我能做到的，一定辦到！」副總裁用賞識的微笑看著她。

怎料，Helen忽然眼眶發紅，嗚嗚地哭了起來，並且一邊哭一邊說：「主管，我這邊什麼也不要。不過，這次能及時為公司解決問題，我沒有功勞也有苦勞，但是這個工作我做著特別委屈，真的有點做不下去了！」

副總裁先是一怔，接著焦急地問：「委屈？這到底是怎麼回事？」

Helen馬上哭著對主管說：「其實這次的任務我完成得很艱難，因為有同事十分不配合，讓我孤掌難鳴。」

「是誰不配合你？到底發生了什麼？」副總裁繼續問。

Helen知道和盤托出的機會來了，她說：「我不知道是不是……我聽說，劉姐經常在背後說我的壞話，還鼓動別人不要配合我。其實，大多數人都不太喜歡她的一些作風，如果這個劉姐不走的話，我以後的工作也沒辦法再做下去了！」

「好，我知道了！你先回去吧，我來處理這件事！」副總裁沒有直接表態，但我聽得出來，他非常氣憤。

Helen帶著我離開了副總裁辦公室。

一般而言，高層主管在面對企業內部衝突的時候，大多都不會聽信一面之詞，一定會多方打聽瞭解。Helen也非常瞭解這一點，所以她平時就做好準備工作，她除了工作能力強，情商也極高，待人接物都非常有一套，平日裡同事們與她相處得都很愉快。所以當高層主管向大家核實衝突的時候，不出意外所有人都是一邊倒，站到她這一邊。

自那之後再也沒見到劉姐來過公司。

後來我瞭解到，劉姐不僅工作不努力，而且人緣也不太好，整個部門的業績經常無法達標。主管留她在公司，是念她在公司工作的時間長，不忍心將她開除。

但是這次Helen利用委屈的情緒，點燃了集中在劉姐身上的所有衝突，讓主管最終下決心將這個不稱職的總監掃地出門。

總結一下，如果你在職場中遇到必須扳倒的職場小人時，或者要達成自己的工作目的，可以嘗試利用委屈情緒，用以下方法實現你的目的。

第一步：不要和小人互鬥，或者反過來打小報告，顯得斤斤計較、有失風度。

第二步：要更加認真地工作，不僅做好分內事，還要爭取一個能體現你能力的「分外事」。在你出色地完成一件工作之後，讓主管看到你突出的工作能力和價值，再向主管表達你的委屈情緒。

第三步：當主管提出給你獎勵時，你再表明自己的功勞，並且將對立情緒集中在你的對手身上。

第四步：掌握群眾基礎。要盡可能借助大多數員工的言論，製造輿論壓力，為你加分助攻。

第五步：充分釋放你的委屈情緒，利用委屈情緒反擊，達成最終的目的。

學會利用情緒進行談判的關鍵點，在於讓自己做個「好演員」。什麼是好演員？你要明瞭自己的目的，控制自己的本能，展現出對你有利的情緒。

我經常對自己的學員說，情緒是你成就自我的最好工具，人生在世全靠演技。只有將你的情緒變成你的利器，才能在商業談判和職場競爭中無往不利。

你在談判中遇到的情況，也許和我講述的案例並不一樣。但是，只要你能夠把情緒當作工具使用，並且結合自己遇到的問題，靈活運用上述方法，就能夠在不斷實踐和復盤之後，逐漸掌握情緒工具的使用方法，讓情緒成為打開你成功之門的鑰匙，幫你完成你的商業目標。

情商決定你的上限

在一個商務路演大會上，一位投資人邀請了幾位創業者，分別介紹自己的創業計劃，並且透過這次路演的表現，決定誰將得到投資人的天使輪投資。一位博士憑藉其高超的路演水準以及完美的商業計劃書，贏得了投資人的青睞。

路演大會結束後，投資人和幾位創業者一起聚餐。這位博士對著大家大談特談自己幸福的婚姻生活，同桌的人雖然都一邊微笑一邊聽著，但是氣氛已經顯得非常尷尬。

飯局接近尾聲，已經微微有些醉意的博士對投資人說：「王總，您是不是還單身啊，到了結婚年齡，該找對象了！」

投資人聽到這句話，起身就向門外走去，臨走時還撂下一句話：「投資的事，我再考慮考慮吧。」自那之後，這位博士就再也沒有收到這位投資人的任何消息，計劃也因為資金鏈斷裂，就這麼失敗了。

你或許以為我講的是一則笑話，但這件事情卻真實發生過，而且類似的故事也不斷在我們身邊上演。不論智力、才華還是工作能力，這位博士的水準都很高。不過，智商能決定一個人的起點，而情商卻決定著一個人的上限。

我認為，聰明不一定是一個人的優點，有時候聰明恰恰會成為一個人的毛病。智商在某些專業的領域是很重要的，比如科學研究、理財、專業技術等。如果你是火箭專家或核子物理學家、掌握著某種尖端技術的科學家，那麼你不太需要靠情商生存，不過這些人永遠是少數。

就像前面的這個博士，他雖然智商很高，但是情商卻很低，在順境當中容易得意忘形，結果精準「踩雷」，讓到手的投資雞飛蛋打。這位博士的低情商看似是說錯了一句話，實際上是因為他無法掌控自己的情緒造成的。

要知道，高情商最為重要的是對情緒的把控，所謂情商也就是人掌握自己情緒的能力。美國心理學家羅森塔爾認為，情商高的人具有以下特點：社交能力強、外向而愉快、不易陷入恐懼或傷感、對事業較投入、為人正直、富有同情心。能認識和激勵自己和他人的情緒，無論是獨處還是與許多人在一起時都能怡然自得。

在商業層面，相比於智商，情商顯然更重要。舉個例子：

一次貿易展覽會上，賣方對一個正在觀看公司產品說明的買方說：「您想買什麼？」

買方說：「說實話，你這裡沒什麼可以買的。」

賣方說：「是呀，別人也說過這句話。」

當買方正為此得意時，賣方微笑著又說：「可是，他們後來都改變了看法。」

「哦，為什麼？」買方問。

於是，賣方開始了正式推銷，該公司的產品最終也得以賣出。

讓賣方成功留住客戶的根本原因，並非是多麼高超的話術，而是在買方拒絕他，甚至貶低他之後，能夠控制住自己的情緒，最終化被動為主動。

一位長輩曾經對我說，每臨大事有靜氣，你的心能靜到什麼程度，就能做多大的事。換句話說，你只有能夠控制住你的情緒，並且把它當成工具為你所用，你才能成為一個高情商的人，在商業競爭中占得先機。

高情商溝通模式：用高情商得到你想要的結果

既然高情商在商業活動當中如此重要，那麼如何利用高情商得到你想要的談判結果呢？我認為，要利用高情商得到理想的談判結果，必須先從學會高情商的溝通模式開始。高情商不僅是會說話，更是要透過溝通達到商業目的。用高情商溝通也不是多麼玄妙的東西，它是完全有章可循的。

我把高情商溝通模式總結為以下四個步驟：

第一步：破冰。透過溝通有效拉近雙方距離，最大限度地消除你們之間的隔閡感，讓對方的戒備心降到最低。

第二步：傾聽。傾聽對方的想法，從對方傳達的資訊當中，辨別真實意圖和有價值的訊息。

第三步：談判。你與對方的談判，應當在你獲得對方的信任之後進行。談判時切忌自說自話，必須以雙方共贏為基礎。

第四步：講價。雙方在談價格的時候，你要讓對方覺得你可以為他提供長遠的價值，在讓對方有獲得滿足感的同時，承諾他對於未來的期許，然後得到自己滿意的價格。

下面我舉個例子，具體說明高情商溝通模式的使用方法。

我計劃做知識付費，然後請了幾位做課程的老師幫忙策劃網路課程。對方年齡比較大，入行多年，有自己製作課程的邏輯，我希望他可以指導我做網路課程的框架。

第一步：破冰

見面之後，我對這位老師說：「您做了二十多年課程了，我才做幾個月，您是值得我學習的前輩和老師。」

這句話是進入談判的破冰環節，在談判的開始，要先肯定和抬高對方。這個破冰環節對方也許會覺得你很官腔，因為越親近的人越不會做這件事情。不過，在第一次見面的情況下，我不建議你單刀直入，需要有破冰的過程。尤其我談判的這位對象，他的特點是年紀稍大，從業時間長，已經是行業內的資深人士，他更加需要被尊重和肯定。

破冰環節的本質，就是人與人之間的磨合。只有經過破冰環節的鋪陳，談判才能進入舒適區。

第二步：傾聽

結束破冰環節之後，我對他說：「設計網路課程的邏輯框架領域是您的強項，我特別想和您探討一下，聽聽您的見解。」

請注意，在傾聽環節一定要有諮詢、探求的態度，要專心傾聽對方傳遞的訊息，不要打斷對方說話，要讓對方客觀全面地傳遞訊息。只有讓對方多說話，才能降低對方的心理防備，並對你產生好感，不斷向你輸出有價值的資訊。

在傾聽的過程當中，你要不斷讚美和尊重對方。你的每一個眼神和動作，都需要表現出對對方的尊重。當你表現出尊重的時候，對方會覺得你謙虛。你讚美別人的時候，別人會覺得你情商高。

有些人認為，高情商就是會說話，我卻覺得會傾聽遠比會說話更加重要。我們用一年學會了說話，卻要用一生學會閉嘴，傾聽才是高情商溝通必須具備的能力。

第三步：談判

對方的確被我誠懇且尊敬的態度打動了，他幾乎是毫無保留地說出了自己這麼多年製作課程的思路。

之後，我開始引導雙方進入合作和談判階段。

我說：「雖然您幫助我研發課程，會占用您的時間，您完全可以用這個時間接很多更大的案子，但是我覺得我們的合作還是非常有前景的。此前，您的課程一直在一些較為傳統的平臺上銷售，如果我們合作，您也可以接觸和收穫流量平臺的全新體驗。在這些大的影片平臺，會有幾百萬、上千萬的受眾，您可以開拓新的業務領域，而且我們各自投入擅長的部分。總之，這是個新的商業模式，相信會讓您的業務有更大的發展。」

我上面這段話中表達的內容，核心目的其實就是「請您指導我做出專業的課程」。但是，我並沒有直接說出我的意圖，而是把重點放在「你能獲得什麼」上。

這是非常關鍵的一步：在談判時，無論你的目標是什麼，都要說成是對方能得到什麼，讓他感到雙方合作是他在獲利。請記住，談判一定要以共贏為基礎，其實就是讓對方看到雙方合作可能帶給自己的價值。只有讓對方有獲得感，他才願意與你進行下一步的溝通和合作，這也是在為下一步打基礎。

第四步：爭取利益

如果談判是高情商溝通的重要步驟，那麼為自己爭取合作中的利益則是核心環節。

我在和這位老師議價的時候，故意面露難色地說道：「我知道以您的資歷，請您親自上陣價格一定很高，我也是初次做這個事情，不知道我們的課程最終能賣多少錢。我是否可以將分成模式改為新的合作方式，我來出一個買斷的價格，打包您的服務，您能否給晚輩一個優惠的價格？」

對方說：「我這邊也有課程策劃的老師，我需要考慮到人力成本，而且還有其他的費用。直接買斷對我來說很不划算，我還是希望用分成的方式合作！」

我對他說：「我還是希望您可以在計劃之初建立團隊，所有的人力成本和費用折合在打包價裡面。這邊我會提供給您兩個助理，為您完成一些繁雜的輔助工作，這樣也可以幫您降低成本。」

在和對方談價碼的時候，要讓對方覺得你也出了資源。只要讓他覺得你為他提供了附加價值，他的價格就有機會按照你的預期定價。但實際上，你的資源都是你原本就有的，並未付出更多的成本。

除了給對方提供附加價值，你還要給他提供期許。比如我對他說：「除了幫您分擔成本，我還會幫您賣您手中的好課程，並且幫您推廣您公司的商業導師。」

說著，我打開手機給他看了我以往的流量作品，以及取得的商業成績，並且向他證明，我的公司現在確實只有四個導師，但我非常需要有市場經驗的商業類型導師，未來我們有很大的合作空間。

你在議價的時候，也可以和對方說：「您這邊有什麼我能夠參與和幫助商業化的部分？」這樣可以調動對方的積極性。即使你沒有參與或幫助商業化，但是給對方承諾，就等於給對方期許，也就為自己爭取了更大的議價空間。

當高情商溝通的四個步驟走完之後，你很有可能把事情談成，而你只是付出了你的情商。高情商的人可以駕馭環境，影響你合作夥伴的喜怒哀樂。你就是這場談判的導演，控制自己的情緒，調動別人的情緒。

玩轉高情商談判邏輯

情商低的人，往往以自我為中心，懶得理解他人的感受。這樣不但不容易把事情談成，還很容易將對方變成自己的敵人。而高情商的人恰恰相反，除非迫不得已，他們很少樹敵，而是盡量把敵人轉化為自己的盟友。

很多人樹敵，並非出於自身利益的考量，而是一時氣不過，或者惡語傷人。犯這樣的錯誤，根本原因還是在於無法控制自己的情緒，讓衝動戰勝了理性。

不過有人經常問我：「楠姐，我面對的談判對象特別傲慢，我應該怎麼應對呢？」下面我說說如何運用情商邏輯，應對難對付的談判對象。學會高情商溝通模式，可以讓你在短時間內提升商業談判的能力。而只有掌握了高情商談判邏輯，才能輕鬆應對談判當中的棘手問題。

對高情商談判邏輯的定義有很多，但我認為商業談判中的高情商談判邏輯，實際上就是表演力加上帶動你的談判對象的能力，用公式來表達就是：

高情商談判邏輯＝控制自己的情緒＋帶動對方的情緒

你要把情商做為你的工具，而不是被負面情緒束縛。在面對難應付的客戶時，不能受對方情緒影響，而是既要把自己當成演員，又把自己當成導演。你需要將你的情緒表演給對方看，帶動對方的情緒，並且引導對方一步步達到你想要的結果。

表演出對方需要的情緒

前幾天，我在影片創作當中遇到瓶頸，需要找一位資深編劇指導我寫作影片腳本。經過朋友引薦，我結識了一個國內頂尖影視公司的策劃兼編劇。這家影視公司曾經取得過很多成績，也是中國一流編劇的搖籃。不過，這個圈子裡的人對於合作方也是出了名的嚴苛，為了這次見面，我做了精心準備。

那是一天下午，我和這位知名的國家一級編劇見面。見面時，這位編劇坐到我的對面之後，就一直在滑手機忙工作。看得出來，他根本看不上我，也不想與我深度交流，但礙於朋友面子還是要走個過場。

他問：「你有什麼需求？」

我說：「我現在在影片創作方面遇到困難，非常希望能得到您的專業指導。」

他十分不留情面：「我不玩抖音，也沒寫過短影片腳本。」

這時候，我敏銳地察覺到，打開對方交流窗口的機會來了。

我接著對他說：「現在抖音的每日活躍人數已經超過六億，已成為國民APP，中國網路用戶的規模才不到十一億，這意味著大半的網路用戶都在使用這個軟體。」

我說完之後，對方依然在看自己的手機，並且完全不在意我說了什麼。

很多人面對這種情況，不是感到心灰意冷，就是覺得怒火中燒。心想，這個人怎麼這麼傲慢，這麼不知道尊重別人呢？但是，越是在這種時候，越不能受自己情緒波動的影響，而是要能夠控制自己，給對方想要的情緒。

人與人之間的喜怒哀樂並不相通，別人沒有理解你的義務。然而，也正是因為每個人都是一座孤島，你給對方提供他想要的情緒才會彌足珍貴。

於是，我對他說：「本來今天沒有想到能和您談合作，能見到前輩您這麼優秀的編劇老師，即使看您一眼我都覺得吸收到了靈感。」

聽到這句話之後，對方會心一笑。

破冰最重要的是笑，因為微笑是最能反映一個人內心狀態的微表情。在《知覺生長模型》中，對微笑的描繪是：發生了令人愉快的事件→興奮能量擴散前進（傳入神經）→進入愉快情緒表像→反映出愉快情感→傳出運動神經→效應器→表現出笑容等。如果對方不笑，那說明你所提供的情緒對方並不接受，你就必須調整談判策略。

消除雙方的隔閡，快速融合

我謙虛地向他介紹一下目前的短影片平臺：「這些短影片平臺的用戶中有很多企業家和各行業老闆，每天甚至會花幾個小時的時間來看短影片。我開了一個商學院，很多企業家和老闆專門來學習短影片平臺的內容和直播方面的知識和技巧。」

我看似是在向他介紹短影片平臺用戶，實際上是向他傳遞一個重要資訊：我的學員和粉絲中不乏企業家和各行各業的老闆。

這麼做，是為了快速拉近彼此距離，利於雙方的相互融合和瞭解。同時，也向他表明，我並非只是您眼中的一個網紅，同時也是一個有抱負的老闆，我也有經營多年的公司，甚至是很多老闆的老師，受大家的尊重和信任。如果對方給我貼上了僅僅只是網紅的標籤，那麼是有可能把雙方的身分距離拉大的，但是在我傳遞了更多資訊後，先實現了彼此身分上的對等。這就好比眾多的商學院更多傳遞和講究的是同學情，同學之間不會論財力的高低，大家一起放下身分平等社交，就給相互融合提供了機會。

也就是說，兩個人之間消除隔閡、快速融合的最好辦法，就是身分達成平等。打個比方，一個次輕量級拳手，是不可能和超重量級拳手在拳壇上平等對決的。在談判當中，身分高的人往往會給別人以莫名的壓迫感。以我面對的這位知名編劇來說，他是中國用電腦做動畫的第一代人，那時候他們甚至用滑鼠畫動畫，可以說是中國動畫界的宗師級人物。

如果我的身分僅僅是個網紅，即使與對方講平等，也難以對等合作。因為拉近人與人之間關係最重要的事就是將心比心，心理學中把這叫做同理心。如果對方無法從你的言談中獲得幫助，並不是簡單的不信任你，而是因為對方覺得你並沒有給他提供價值的能力。

但是，當我表明我的身分是創業者、老闆，並且在這個圈子有一定的影響力的時候，情況就大為不同了。對方至少在心理上會平等對待我，這也為雙方展開實質性合作提供了可能。

進入實質性談判

在用肯定、抬高、建立身分認同的方法完成破冰環節之後，就可以進入實質性談判階段。我在面對身分比我高，而且不好搞定的談判對象時，往往會以探討的方式進入談判。

我對這位編劇說：「今天主要是想和您討論一下，我能否請您來指導我創作短影片腳本的內容？」

對方說：「我感覺短影片這個東西，好像沒有什麼價值。」

此時要時刻關注對方的表情、細微動作，並揣摩對方的心理狀態。我在表達了合作意向之後，看到對方的表情依然很冷漠，我明白，我需要讓他對這次合作動心。

我接著對他說：「影視作品不會被替代，但是競爭太激烈了。我為什麼會看好短影片平臺呢？因為在大流量的短影片平臺可以打造眾多優秀的 **IP**，能與品牌一樣保有價值的就是 **IP** 了，並且 **IP** 的價值是永恆的。一個有影響力的 **IP**，就如同馬雲之於阿里巴巴，賈伯斯之於蘋果。有了 **IP** 之後，可以為產品賦能。哪怕賈伯斯去世了，但是他IP的力量不會隕落，這就是IP的能量。」

當對方不理解你的時候，不要一味地指責對方，而是要以自己為例子，但實際上卻是在說對方。這段話中，我看似是在說「我為什麼會看好短影片的前景」，實際上是在告訴對方，在競爭激烈的影視行業，如果不能跟上時代的腳步，也有可能面臨被淘汰的危機。

「我做商學院的初衷，其實就是希望能幫助更多老闆打造鮮活的個人IP。如果您能幫我完成這件事，那麼更多的老闆就會請您來幫他們做個人IP，這時候您的公司就會形成新的商業模式。」我接著說，「您做出了那麼多優秀的作品，影響了整整一代人。但是我認為，上天一定會賦予您更重的擔子。打造企業家個人IP不僅能為您創造商業價值，同時讓您幫到更多的人，甚至幫助他們改變命運。您如果能投身於這個事業當中，這個時代都會留下您的印記。」

此時，讚美已經到了一定的高度，但我依然要站在對方的角度考慮問題，要讓對方感受到短影片帶來的價值，以及自己參與其中之後，能夠獲得更加廣闊的發展空間。

我停頓了一下，又說：「我之所以從北京來到您的公司，是因為北京確實找不到像您一樣優秀的內容團隊。我知道，在影視行業有很多人看不上短影片。」這時雖然說的是行業，但實際上指的是他。

他笑了笑，說：「不會，不會。」

此時很明顯，他已經被說動，只要繼續引導，就很有可能得到他的認同。

我說：「但是，這個行業裡，一定需要出現一個現象級的短影片內容團隊。我覺得，非您不可。」這是進一步突出他的稀缺性和價值感，燃起他的鬥志，也堅定他的信心。

快速切入價格談判

對方饒有興趣地點了點頭，同意嘗試與我進行合作。

談判進行到這裡，一定要趕緊談價格，避免夜長夢多。於是我打鐵趁熱，說道：「如果合作的話，我們可以從三個層面展開：第一個層面，您指導我優化短影片腳本，我可以給您出報價，並分擔您的人力成本；第二個層面，我招募的老闆或學員們需要的內容服務，都可以交給您來做；第三個層面，我們可以一同出內容相關的周邊產品。」

他點了點頭說：「這件事可以推動一下。」

當他說出這句話的時候，這一場談判已經達到我想要的結果，而且他也看到了這次合作可能給他帶來的價值。但是，回到北京之後我並沒有催他，因為合作的主動權已經逐漸掌握在我的手裡。過了一段時間之後，這位編劇直接寫了一份詳細的腳本優化的建議寄給我，現在他已經成為我的短影片內容顧問。

當雙方的身分不匹配的時候，只有用你的情商才能來彌補雙方地位的差距。把握好高情商邏輯，並且在談判中靈活運用高情商溝通模式，可以讓你輕鬆應對談判中遇到的棘手問題。

摒棄功利心，幫你快速打動對方

目的性越強，離目的越遠

對很多人來說，買車是一件很重要的事情。尤其對我的一些粉絲而言，很多小老闆都會開著車去談生意，車已經成了他們的門面。正因為這不是一件小事，所以在買車的時候，汽車銷售員怎麼和客戶溝通就顯得特別重要。

前幾天，我的一個學員小龍就因為買車的事情，差點和車行的銷售員吵起來。小龍和我說，當時銷售員向他推薦了兩款車：A款車價格不高，性能也可以，看起來很實惠；B款車價格更貴一些，但是性能更讓他滿意。接下來，銷售員開始了自己的話術，他只是介紹A款車的優點，閉口不提這款車的缺點；而說到B款車的時候，則只說缺陷，不說優勢。

這個銷售員的話術很快讓小龍起了戒心，後來他在再三追問下才得知，原來A款車因為剎車性能曾經曝出過瑕疵，雖然大部分車都已經被召回工廠重新處理過了，但曾經的負面新聞讓這款車銷量直接下滑。為了完成KPI考核，銷售員才向小龍拚命推薦A款車。

銷售員的這種做法也瞬間引起小龍的不滿，他覺得這家車行太不可靠，便憤然離開了。

這個銷售員的溝通策略顯然存在著巨大的問題，但是問題出在哪裡呢？我覺得，他最大的問題在於過於功利，缺少基本的真誠。

你可能會說，銷售員銷售產品時，不就是隱藏缺點、放大優點嗎？所有的銷售員都是這麼做的呀！

其實，無論是銷售某件商品還是談生意，你越是功利，往往越難說服別人。大家都不是傻子，如果你的語言缺少真誠，帶著明顯的目的性，則非常容易被人洞察到。別人一旦識破你的動機，就會立刻對你產生戒備心。當別人開始防備你，甚至覺得你不可靠的時候，你自然很難和對方達成深入的合作。

只有真誠能為對方提供安全感

如果你和別人對話時總是帶著功利心，那麼相對地，對方自然無法在你身上獲得安全感。

很多人肯定會有不同意見：談生意本身就是一件很功利的事情啊，難道生意人可以不談利益嗎？現在人與人之間的信任感本來就很低，我真誠地信任對方，難道不會變成「冤大頭」嗎？

我並不否認生意的功利性，但我想說的是，真誠的交流態度是對合作方最起碼的尊重，同時也是給溝通和談判畫出一條紅線，讓雙方都能在相互信任的前提下進行溝通，這本身就可以提高溝通的效率。

當然，我們不能去當「傻白甜」，完全對別人不加防備，也不能把內心的真實想法和盤托出，而是要建立有效的溝通框架，在保證真誠的大前提下，去達到自己的目的。

著名心理學家薩提爾曾提出的「鏡像效應」，指的是在溝通當中，雙方都是對方心理活動的一面鏡子。當你用過於功利的心態面對客戶的時候，對方也自然會進入對抗狀態。一旦雙方都陷入戰爭狀態，就會變得草木皆兵，誰都無法聽進去對方的意見。但是，如果你真誠地與對方溝通，那麼他的防備心理也會下降。兩個人的不安全感都會不斷下降，最後達到相互信任的狀態。我在本書中也分享給大家一些溝通技巧，但這些技巧都建立在真誠的核心上，無論你是拒絕他人，還是說服他人，都只是為了獲得一個對雙方有利的結果，而不是欺瞞對方、弄虛作假。你的出發點一定是善意的，是積極的。

對於大家普遍缺乏信任感的問題，我覺得電視劇《小捨得》中的一個故事很值得大家深思：當我們都坐在電影院看電影的時候，原本大家相安無事。但是，突然有一個人站起來，擋住了後面人的視線。然後，所有人都不得不站起來看電影，即使每個人都很累，也無可奈何。這段話其實是對「內卷」的闡釋，但是我覺得改寫一下也特別合適：最初，我們溝通時，彼此間都真誠以待，相安無事，但是忽然有人開始耍心眼了，帶著急切的功利心來與人交往，這種人與人之間的信任瞬間被打破了，所有人都不得不開始耍心眼、鬥心機，急功近利，即使每個人都很累，也無可奈何。

其實，你反過來想想，當絕大多數人都缺乏真誠和信任的時候，你的真誠和信任不正顯得更加可貴嗎？你發現了沒有，很多事情你越是急功近利，越是難以達成。而當你真誠待人時，一切往往順利很多。

我公司的銷售員小李在入職半年之後，業績依然沒有起色，許多訂單在推進了一段時候之後都莫名其妙地丟了。我在幫他復盤的時候，他問我：「楠姐，面對不同客戶，有什麼技巧嗎？」

我告訴他：「生客賣的是禮貌，熟客賣的是熱情；急客賣的是效益，慢客賣的是耐心；有錢的客戶賣的是尊敬，沒錢的呢，賣的就是實惠。」

他繼續問我：「那對於挑剔的和那些猶豫不決的客戶呢？」

我回答：「挑剔的客戶賣的是細節；猶豫的客戶賣的是保障；客戶很隨和，賣的就是認同。」

聽了我的話，你是不是也覺得我是在玩套路呢？小李也是這麼想的，他問我：「楠姐，銷售是不是要有很多套路？」

我反問：「你知道套路的最高級別是什麼嗎？」

「是什麼？」

我回答小李的話，現在也送給正在看這本書的你：「最高級別的套路，是真誠。所有的技巧都會褪色，只有真誠不會，所以你用真心對待每一個客戶就對了！」

小李是個很精明的人，但也正是因為他過於精明，所以在和客戶談判的時候總是錙銖必較。很多客戶覺得他為人很假，和他做生意很難得到好處，所以不管小李說得多麼天花亂墜，對方都是猶豫不決。

在這次談話之後，小李改變了溝通策略，盡量用真誠換取每個客戶的信任，並且總是以雙方都能得利為出發點。這一個簡單的改變，再結合我教給他的一些溝通方法，讓他總能把話說到客戶的心坎裡。三個月之後，他成了公司的銷售冠軍。

共情是雙方達成共識的基礎

你也許會說：「我覺得楠姐說得很有道理，真誠確實能給人安全感，拉近雙方的關係。但是在具體談生意的時候，為什麼很多溝通都是無效的呢？應該怎麼做才能達成共識呢？」

網路上流行一個詞叫「直男癌」，是個貶義詞，通常是指那些具有情商低、大男人主義的男性。「多喝熱水」是這類男生經常掛在嘴邊的話，比如女生說：「我今天肚子有點不舒服。」男生說：「多喝熱水。」女生說：「我今天和一個女同事起衝突，真生氣！」男生說：「多喝熱水。」女生說：「這個方案太難了，寫得頭痛！」男生說：「多喝熱水。」

「多喝熱水」本身沒什麼錯誤，但是直男們常說的「多喝熱水」為什麼會讓女生如此反感呢？根本原因就在於，直男們不懂共情。當你用「多喝熱水」回應一切的時候，當然會惹得別人翻白眼。

共情，簡單來說就是在人際交往的過程中產生情緒共鳴的過程。共情是共識的基礎，因為溝通的本質並不是語言上的交鋒，而是情緒上的互動。很多人覺得，我只需要用語言把訊息傳遞給對方，他自然會明白我的意思。然而，人是一種感性動物，受情緒的影響非常大。如果你不能給對方提供情緒價值，那麼你就無法與對方形成共情，自然就不可能達成共識。

總之，在一場高品質的溝通中，我們要懂得分辨對方的情緒，感受對方的情緒，理解對方的情緒，並正確回應對方的情緒。

達到共情的方式很多，我總結了一個最簡單的公式，希望可以幫到大家：

共情＝懂事＋避嫌

所謂懂事，就是站在別人的角度考慮，在切入正題之前要欲揚先抑，用共同的話題拉近雙方的距離。而避嫌則是讓對方有安全感，不要觸及別人的敏感話題，避免「踩雷」。

下面我們舉個例子來進行演示。

楠姐：謝謝張總百忙之中能來見我。

張總：客氣了，這幾天孩子高考，家長也緊張。

楠姐：孩子今年都要上大學了啊，那可真夠忙的，我們做父母的可真不容易。

張總：可不是，還不知道考得怎麼樣呢。

楠姐：正好我在高校這邊有一些資源，也有朋友在做留學業務，張總要是需要，我可以推薦給您，看看能不能幫上點忙。

張總：那太好了，到時候可要麻煩楠總了。

楠姐：應該的。

張總：楠總約我是想談總部大樓專案的事吧？

楠姐：是啊，我也希望能參與一下。

張總：把我們的優勢簡單說一下吧。
楠姐：在保質保量完成專案的同時，絕不給主管添麻煩。
張總：哈哈哈，好，這樣，你們做一份方案，明天送到我辦公室。

以上的對話看似簡單，但其中有很多細節，我們來分析一下。

我和張總約談，實際上是為了談一個地產專案。但是，在和張總溝通之前，我對他的背景進行了詳細瞭解，得知他的孩子今年高考，立刻找到了能夠和他產生共情的點。於是，我從可以介紹留學業務入手，拉近了兩個人之間的距離。這既是欲揚先抑，淡化這場談話的功利目的，同時也站在對方的角度考慮，這就是共情公式當中的「懂事」，簡單來說，就是「急他人之所急」。

之後，我對張總說「在保質保量完成專案的同時，絕不給主管添麻煩」，說這句話的目的就是避嫌。既要讓張總覺得把專案交給我做是件放心的事，同時也是提供給對方真正值得交付的服務，也就是展現你的實力。在談生意的時候，如果對方沒有看到你的實力，無論你在其他事情上多費心思投其所好，對方也不會把專案給你。你必須讓對方看到你的閃光點，才能讓對方放心地與你合作。

當你不知道如何說服他人時，不妨想想我教給你的這個共情公式。熟練運用它，一定能在談生意的時候收穫驚喜。

如何搞定強勢的人？

遇到強勢的主管怎麼辦？

賈伯斯有個人生準則：「當你把產品放在客戶的手中之前，他們並不知道他們想要什麼。」從正面看，信仰準則的賈伯斯是個有主見的人。但是從反面看，賈伯斯也是個非常強勢的主管，喜歡把自己的意志強加到別人身上。

他的合夥人沃茲尼亞克回憶賈伯斯的時候說：「曾經很多工程師都不喜歡他，因為他們覺得賈伯斯太自大、太傲慢，他的理智只能維持一會兒。」

以前有位蘋果公司的人事部經理說：「賈伯斯當時根本不顧及員工的個人感受。他不會及時地對員工進行評價或者表揚，也不會關注員工的健康。而當時幾乎所有人每天要工作二十個小時。」

試想一下，如果你面對這樣的老闆，你會如何與他相處呢？蘋果公司的高階主管們處理這個問題的方法，很值得借鑑。

他們通常會把精力集中在事情上，更多關注賈伯斯的行為，而不是他說了什麼。比如，產品樣本做出來之後，賈伯斯總是訓斥員工說：「這個東西簡直糟糕透頂！」

但是，在改進產品時，賈伯斯依然以這個樣本為基礎。這時，員工們會把「這個東西簡直糟糕透頂！」這句話在心裡翻譯成：「雖然不完美，但是能用。」用這種方法減少賈伯斯的強勢所帶來的傷害。

除此之外，員工們還私下設立一個「反抗賈伯斯獎」。就是比一比，誰敢在賈伯斯發脾氣的時候反抗他，反抗次數多的人就會獲得這個獎項。賈伯斯在得知員工的這些做法之後，並沒有生氣，反而覺得很有意思。

其實，強勢主管都有兩個顯著特點：第一，他們更加關注事，而不是關注人；第二，當員工跟不上他們的思路時，他們就會變得非常暴躁。

蘋果公司的員工們應對賈伯斯的強勢時，把人和事分割開來，而且並沒有一味地忍讓。這樣既可以減少語言暴力對自身的攻擊，同時也避免了一味遷就而遭受進一步的傷害。

以柔克剛：搞定「老虎」，試著扮演「貓咪」

蘋果公司的員工應對賈伯斯的方法，雖然很值得借鑑，但是也需要結合中國人的處事習慣加以改變。比如，當面頂撞強勢主管的方法，在中國顯然行不通。強勢的人具有急躁、獨斷的特點，往往不容許有人在公共場合當面否認。因此，用以柔克剛的方式，會比直接反抗要有效。

強勢的人往往具有兩面性，所以要搞定他們，抓住時機很重要。即使強勢如獅子一般的人，也會有貓咪的狀態。你可以選擇在他獨處的時候，像貓一樣溫順狀態的時候搞定他。

為什麼搞定獅子座、牡羊座這樣強勢的人，往往是雙魚座的人呢？因為雙魚座的人說話總是溫柔如水，特別擅長以柔克剛，而且非常善於聆聽。

搞定強勢的主管也是如此。比如，他喉嚨痛的時候幫他買個水，在緊張的工作之餘，適時準備點他愛吃的零食和飲品，他會被這些小事感動。在他情緒愉悅的時候，提出你的請求，這時會很容易成功。

另外，越強勢的人越孤獨，他們的內心很渴望別人的關心和理解。你能夠在合適的時機主動關心他們，就可以在他們的心中占據很重要的位置。

管理好情緒，從利益出發應對強勢的合作方

相比於針鋒相對，你面對強勢的人時，應當盡可能地從理性和利益出發考慮問題。因為孩子才喜歡爭搶，成年人更在乎利益。

例如，我在和一個網紅談合作的時候，對方仗著自己是流量保證，態度非常強硬。但我並沒有在意她的傲慢態度，而是從利益出發，和她達成合作協議。我的助理在門口送走客人之後，憤憤不平地抱怨道：「楠姐，這人也太狂妄了，說話真難聽，真想揍她一頓……當然我們也不能揍，罵她一頓總可以吧！」

我問他：「這對你有什麼好處？」

「過癮吧。」助理嘟囔道。

我笑著說：「這不算本事。」

助理反問：「那怎樣才算本事？」

我告訴他：「把她的錢賺到手。」

我的助理顯然是把自己的情緒和生意混為一談，所以才會因對方的狂妄而感到氣惱。但是，我則更加在乎合作的結果，能賺到她的錢，為什麼還要那麼在乎對方的態度呢？

當然，面對強勢的人，還要分析你所處的具體情境，以及對方的性格特點。依據對方的類型，確定談判的策略。

如果對方是個長期主義者，那麼在合作的時候，可以考慮給對方臺階，多給對方一些長期利益。你可以不答應對方眼前的要求，但是承諾他長期的利益，並且以此做為合作的基礎。比如，曾經有一家供應商和我合作的網紅是這麼談判的：「我暫時不能給到你那麼高的報酬，因為我必須考慮我的成本。但我們獨家研發的產品就快上市，如果我們建立深度合作，我可以保證在你的直播間進行首發推廣。」

如果對方是個短期主義者，為了體現自己的強勢地位絲毫不做出讓步，這時，你可以用迂迴戰術。先考慮自己的利益，表達自己的觀點，先不和對方簽協議，而且要用行動去拒絕對方提出的條件，為自己爭取更多的利益。

前一段時間，有個知名品牌想找我合作的網紅直播帶貨，但公司那段時間面臨轉型，暫時不想帶眼前合作方所提供的種類的貨。我回絕了對方，但對方說：「楠姐，如果我們簽了這個合約，我們品牌在一年內上市的所有新品，都可以在合作網紅的直播間做首發，這個待遇，我們從未給過其他主播。我們對您這邊只有一點要求，就是每週至少要直播兩次，賣我們的產品。」

「一定要每週至少播兩次嗎？我們現在的直播規劃可能沒辦法做到。」我表達了無奈。

「是的，這是基本要求。」

這個合作顯然不符合我當下的規劃，但考慮到對方的品牌有較大的影響力，我如果直接說不，可能會對公司產生負面影響，而且我也不希望完全切斷和這個品牌未來合作的可能性。

我先口頭答應了對方的合作請求，但是並不急著簽合約。我對對方說：「這位網紅目前直播間的流量還不太穩定，這不利於穩定的直播帶貨，您能不能跟平臺方也討論一個解決方案，讓我們共同把流量先做穩定，這樣後續的帶貨才會持續有好效果。」

對方聽了之後，感覺很為難，說：「楠姐，我們想想辦法吧。」

我當然知道我的要求對方很難短時間實現，但我的「強勢請求」讓大家體面地結束合作。

我想，對方也很清楚，當自己能夠按照計劃得到實際利益，就會考慮相應的因素做出妥協；如果實在不能搞定對方提出的請求，他們自然會果斷放棄合作客戶。

被別人誤解了怎麼辦？

可以解釋錯誤，但別掩蓋錯誤

我剛進入外商企業工作的時候，為了多學一些東西，工作特別積極。不管是不是我的工作，我都會搶著參與。但是，我的時間和精力畢竟有限，所以在工作的過程當中，難免會出現各種疏漏。

每到這個時候，我總會坦誠地向老闆解釋出錯的原因。有的同事很不理解我的做法，對我說：「你這麼積極地承認錯誤，就不怕老闆對你有誤解嗎？你可以把你做得好的那些工作拿出來說說，這樣也可以掩蓋你的錯誤啊！」

雖然當時我是職場新人，並沒有什麼經驗，但是我始終堅持著一個簡單的觀念，就是做人必須誠實守信。撒謊也許可以應付一時，但是撒一個謊，就要用更多的謊言去圓謊，謊言遲早會被揭穿。相比於實話實說，撒謊反而更容易加深別人的誤解。

後來，我自己當了老闆，才發現那時候的做法是非常正確的。老闆往往會給員工一定的容錯空間，因此犯錯誤並不是什麼天大的事情，當工作出現錯誤之後，老闆更希望瞭解問題的真相，好做出下一步的調整。如果你這時候向老闆傳遞錯誤的資訊，那麼事態只會越來越嚴重。如果事態真的嚴重到無法收場的地步，老闆不僅會質疑你的人品，甚至你的工作都有可能保不住。

當你犯了錯，認為別人可能會誤解你的時候，千萬不要試圖透過撒謊去掩蓋你的錯誤，你一定要實話實說，盡量向別人傳遞你所知道的真實資訊。因為說實話，可以將遭受的損失降到最低。

消除誤解的方法

誠實是避免誤解最有效的方法之一，但是雙方真的出現誤解了應該怎樣應對呢？你可以嘗試以下做法。

第一步：設定標準

很多誤解看似是在合作的過程中產生的，其實是因為在合作之前就沒有定好標準。我在簽訂合約之前，都會與合作方反覆溝通合約的細節。對於重要的工作電話和微信，都會在對方的同意下保留錄音和截圖。

這種做法看似過於謹慎，卻是非常必要的。因為語言往往具有模糊性，不同的人對於同一句話會有不同的理解。

比如，在一次談判中，我想委婉地拒絕對方的報價和其他約定條款，對他說：「謝謝您的信任，但是您提供的價格我還要再考慮一下。同時，我必須保留我在這個合作中的版權。」

我已經表達得非常清楚了，結果兩天之後，合作方還是按原價發來了合約文件，似乎是我已經默認了他的報價。試想一下，如果我在談判時沒有保留證據，雙方將會造成多大的誤解。

如果真的因為疏忽，造成雙方出現了合約條款上的誤解，那麼我建議自己先承擔下責任，重新把事情說清楚。你可以說：「對於這個合約條款，我想和您再次做個梳理，可能是我此前沒有表達清楚，也可能是我誤解您的意思了。」

第二步：真誠道歉

「對不起」三個字看似簡單，讓誤解的人接受卻很困難。

有一次，我的一個供應商夥伴因為記錯發貨時間，給我造成很大的損失，我打電話責問他。也許我的語氣有點急，他在電話中說：「對不起，你是甲方，你說的都是對的！」

聽完這句話之後，我更加不爽，直接把電話掛了。為什麼這種道歉聽起來讓人更加氣憤？因為對方道歉的時候，連最起碼的悔改態度都沒有。

道歉是對關係的修復，你必須在道歉的時候表現出後悔、在意的態度，才可能打動對方。如果你只是抱著無所謂的態度，那麼雙方是不可能產生共情，也無法在情感上達成共識。

此外，道歉一定要讓對方感到你是在真誠地反思自己的錯誤，並且意識到這些錯誤都是自己造成的。相比於「你說的都是對的」而言，「對不起，我錯了。因為我工作的疏忽，給您造成不必要的損失，這都是我的錯」，這樣的道歉更加能夠獲得對方的諒解。

第三步：提出解決方案

當發生誤會的時候，不要糾結誰對誰錯，拿下結果才是最重要的。真正有智慧的人，從不與人爭高低，他們只在乎結果。

向對方道歉之後，不僅要消除之前的誤解，更要為誤解之後的合作提出建設性意見。因此，應當在梳理利益關係的基礎上，給出可行的解決方案，並且強調合作共贏得到結果最重要。

比如，前面案例中提到的供應商，如果可以在真誠地道歉之後，主動提出願意分擔給我造成的損失，並且之後的一批貨也在價格上做出讓步，這就是提供可行的解決方案。我在得到補償之後，也不會選擇立刻更換供應商。

總之，被別人誤解了肯定會難堪，犯了錯誤也並不是無法挽回的。這時候，不要讓自己被負面情緒干擾，而是要實話實說，並且拿出真誠的道歉態度，以及給出可行的解決方案。澄清誤會之後，你也許會迎來新的合作契機。

讓「不喜歡的人」為你所用

如何與不喜歡的人合作？

去年我公司的一個高階主管去參加一個短影片創作者大會，主辦方將他和一個他不喜歡的人安排在一起發言。他找到主辦方說：「實在抱歉，我無法和這個人做搭檔，因為我沒辦法和我不喜歡的人相處。」主辦方愣了一下說：「你不理會她，不就可以了嗎？」

無法合作的問題就在於，他無法在這種場合忽視那個人的存在。於是，他對主辦方說：「我選擇不參與這次大會。因為我如果帶著負面情緒上臺發言，不但會干擾我的心情，而且也會損害我的形象。」主辦方見他態度堅決，也只能錯開發言順序。

也許有人會說，這個高階主管的做法太厲害了，太酷了！對於自己不喜歡的人，就是應該毫不猶豫地轉身離開！但是，我要告訴你的是，你的這個想法是很偏頗的。

這個高階主管之所以可以拒絕和他不喜歡的人合作，是因為即使拒絕參加這次大會，他的損失也不大。相比於和他不喜歡的人相處，這個高階主管更願意用這樣的方式，不讓負面情緒干擾到他。

但是，你不喜歡的人恰巧和你有利益關係，而且與這個人合作能給你帶來更多的價值，那麼你一定不能圖一時之快，讓情緒主導你的決定。

例如，我和一位女老闆性格上就合不來，但我深知這個人的人脈和能力很強，如果和她合作，我的業務可以得到更好的發展，而且我目前也找不到更合適的合作對象。

做為成熟的老闆，我不能任由自己的喜好來主導決策。我必須把情緒拋到一邊，啟用我的理性思維和她談合作：我負責流量，她負責客服體系以及商業模式的搭建。我手中的流量是她需要的，而我也需要她提供服務體系，我們可以完美地進行資源互換。

我們的合作契合度非常高，而這個人的性格是否討我的喜歡，也就沒那麼重要了。

在職場中也好，業務合作上也好，價值顯然要高於個人喜好。如果對方能給你提供想要的價值，即使你不喜歡對方，也請拋開你的情緒，把注意力集中到生意上。

如何與價值觀不同的老闆共事？

除了與不喜歡的人合作，如何與價值觀不同的老闆共事，也是很多職場和生意人都面臨的難題。

有個粉絲曾經對我訴苦說：「我們公司的老闆，要求每個員工下班之後必須陪客戶喝酒。如果不能完成任務，就要扣薪水。老闆覺得只有能喝酒的員工才是好員工。我真的難以忍受有這種價值觀的老闆，我該怎麼辦？」

和一個與自己的價值觀背道而馳的人相處，是一件非常痛苦的事。如果這個人是你的老闆，則讓你覺得更加難受。

我認為，兩個人要長期合作，需要價值觀相同。比如，你不能接受陪別人喝酒這件事，感覺這件事嚴重違背你的價值觀。如果這樣的話，你可以考慮換個工作。因為價值觀完全不同的人，是無法長期相處的。

如果出於種種原因，你暫時還不能更換工作，那麼我建議你不要表達出對主管的不喜歡。要將全部的心思放在工作上，爭取把事情做好，讓主管肯定你的能力。

老闆最關心的並不是你是否和他三觀相同，而是你能否為他創造價值。只要你能出色地完成工作，即使做了一些和老闆三觀不合的事情，他也不會太計較。

當然，我的意思並不是完全不顧及老闆的感受，畢竟能力超強的人還是少數。所以，在和老闆相處的時候，也需要注意老闆的情緒。

有一次，團隊在給一個網紅錄製影片的時候，助理由於工作疏忽全程沒開麥克風錄音，導致網紅和團隊整個下午的工作全部白做了。而且按照既定排程，第二天必須更新影片，時間非常緊張。

助理在網紅和團隊完成一天的工作即將離開的時候發現這個失誤，並輕飄飄地對大家說了一句「聲音沒錄上」。

結果，網紅的情緒立刻爆炸了。

其實，團隊的另一名助理也曾出現過同樣的失誤，但他的做法與這名助理很不一樣。他選擇在第二天告訴大家這件事，並且買了網紅和團隊最愛喝的飲料，挑了網紅心情最好的時候向她道歉：「對不起，昨天拍攝的影片，有一部分我忘了開麥克風。我們重新錄一遍可以嗎？耽誤您的寶貴時間了，非常抱歉，我下次一定注意！」網紅雖然也有些生氣，但還是接受道歉，重新錄製影片。

當你業務能力不強的時候，請務必讓主管高興。如果你不能為老闆提供足夠的經濟價值和能力價值，那麼就為老闆提供足夠的情緒價值。

如何與討厭的同事相處？

「我討厭某個同事，又不得不和他對接工作，很煎熬怎麼辦？」這也是我經常被粉絲問到的問題。

演化心理學認為，我們會討厭一些人，其實是一種自我保護，我們可能覺得這個人不友善。內心的一種強烈直覺告訴我們，他們可能會對我們產生一定程度的傷害，或者威脅。所以自然就會有討厭的情緒，可以說是一種本能的反應。

當你討厭一個人的時候，這個人一定也會討厭你。人與人相處就像照鏡子，只有你先控制自己的厭惡情緒，不要再牴觸對方，對方才會減少對你的厭惡。

比如，我在做高階主管的時候特別討厭隔壁部門的一個同事，甚至我們兩個已經產生過衝突了，但接下來我又不得不和這個人合作。我分析了一下，覺得和她繼續僵持下去沒有任何好處，我不能讓這種負面情緒影響我的工作，於是決定修復和她的關係。

在一次午休的時候，我主動邀請這位同事一起吃午餐，並且將提前準備的禮物送給她，她非常詫異，態度也緩和下來。

我非常坦誠地對她說：「其實我們都能感覺出來，我們相互不喜歡對方。但是，我們能不能和解？畢竟只有這樣，我們才能在工作中相互配合，我覺得這也符合我們的共同利益。也許我們雙方瞭解更深一些，還可以做朋友呢！」

那位同事也接受了我的建議。當我們兩個都卸下防備，在之後的工作中一改往日的針鋒相對，相處得很融洽，工作效率因此提高不少。

其實，不管是和同事相處還是與客戶相處，歸根結柢都是商業關係。你可以不用特意去喜歡同事和客戶，只要把利益給足，對方即使是你再討厭的人，你們也能夠「和平共處」。

Chapter 5

危機應對攻略：輕鬆處理溝通中棘手的難題

當我們在人際關係中遇到矛盾和衝突，不能試圖迴避，更不能帶著情緒去反擊，而要站在全局去考慮，瞭解情緒背後的本質，管理並利用情緒。

無論場面多複雜，始終保持清醒的思考，以目標為導向，對手也能成為你的「自己人」。

【合理拒絕】

如何不傷感情地說「不」？

很多小夥伴問我：「楠姐，不傷和氣地拒絕別人真是太難了，好多合作夥伴向我提出難以接受的要求時，我都不知道怎麼拒絕，您有什麼好辦法嗎？」

你的生活是不是也經常因為不會拒絕別人而受到困擾？比如下班後，主管突然給你交代一大堆工作；在週末休息時，被甲方叫去修改方案；在節慶假日時，被要求放棄自己的休息時間，去參加一些無關緊要的會議；和客戶談生意時，對方提出了不合理的要求等等。面對這些，你是總會果斷拒絕，還是選擇委曲求全呢？

如何拒絕別人而不傷感情，是我們每個人都會面臨的難題。小到拒絕別人借自己的一個心愛之物，大到拒絕合作夥伴的商業合作，都考驗著我們的智慧。

小心「討好型人格」陷阱

要闡述「如何拒絕別人」之前，我想先說說「為什麼要拒絕」。

拒絕是一種權利。學會妥善地拒絕他人的要求，是一個人的成長必修課。你以為無條件答應別人的要求就能獲得對方的讚賞，然而事實恰恰相反，一個不會拒絕別人的「老好人」，往往並不會因此而得到尊重。大家覺得你太容易妥協，也是一種缺乏價值感的表現。

心理學家卡爾·榮格在《榮格論心理類型》中指出，那些有界線和處事原則的聰明人，往往更擅長拒絕別人。懂得如何有禮貌地拒絕自己不喜歡的人，或者不屬於自己分內的事，是自信和有界線感的表現。

如果你不會拒絕別人，很可能是因為你陷入討好型人格的心理陷阱。

什麼是討好型人格呢？它是一種「總是控制不住地想要取悅他人」的人格模式。具有討好型人格特徵的人總是無意識地討好所有人，他們不僅習慣性付出、妥協，而對別人的錯誤也有著極大的包容。比如，合作夥伴提出的條件明明會讓你遭受損失，但你還是礙於面子接受了。由於你習慣性地接受別人的不合理要求，自己會產生負面情緒，甚至陷入憂鬱情緒。這就是陷入討好型人格陷阱的典型表現。

在心理學暢銷書《討好是一種病》中有這樣的觀點：很多人會覺得這種討好的心態是值得肯定的，畢竟沒有誰會討厭一個熱心的、好相處的人。可事實是，這些具有討好型人格的人活得並不快樂，他們看不到自己的價值，他們認為自身價值是由外界來評判的，所以他們只能不斷地用迎合與討好去換取外界對自己的正面評價。而這一切是建立在壓抑自己的情緒、犧牲自我需求的基礎上的。

回想一下你的人生，有沒有為了得到外界的肯定，不斷地去滿足他人的需求呢？有沒有為了不傷及面子，而讓本應當屬於自己的利益受到損失呢？

討好型人格正是讓你忽略自我價值、不斷從外界尋找肯定的原因。想要學會合理地拒絕別人，你必須建立起自我肯定的心理狀態，不要總是試圖從他人的評價中獲取價值感。

三個步驟，幫你建立拒絕別人的勇氣

學會拒絕別人，是你擺脫討好型人格的關鍵。

你必須明白，一個人的自我價值是建立在自我肯定的基礎之上，不需要透過別人的評價來證明。你之所以被這個世界接納，是自出生之後，你就是這個世界獨一無二的存在。「我得不到每個人的喜歡，但至少我喜歡我自己。」這樣的心態不僅更為健康，也給合理拒絕別人提供了心理建設。

要學會合理地拒絕別人，第一步就是自我接納。

你要知道，沒有誰是完美的，你應該學會接納自己的缺點，接納自己可以不被所有人喜歡，讓自己做一個更加真實和完整的人。這不是「自私」，而是對自己的一種尊重和關懷。即使你覺得某些人對於自己非常重要，也不至於丟掉自己的自尊去迎合對方。

第二步是處理好自己與外界的關係。

事實上，別人並沒有那麼關注你的一舉一動，他們喜歡或者不喜歡你，都無法改變你這個人本身的價值。比如你在上班之前，一定會精心挑選口紅的色號或者鞋子的款式，因為你擔心搭配不好會被同事笑話。實際上，每個人都很忙，真正留意你的人很少。所以，大可不必那麼在乎外界的評價，因為幸福的本質就是對自身的渴望和需求的滿足。只有將自己的需求放在首位，人生才可能是幸福的。

第三步是對自己的情緒負責。

內心強大的人，不會因為別人的情緒變化就主動放棄自己的正當利益，更不會做出不合理的妥協去滿足他人的需求。你需要對自己的情緒和行為負責，他人的情緒和行為由他自己負責。只有這樣，才能真正對那些不合理的要求說不。

如果你按照這三個步驟進行心理建設，則可以在很大程度上擺脫討好型人格帶來的負面影響。但是，僅有心理準備遠遠不夠，要做到不傷感情地拒絕，還需要掌握一些切實有效的方法。

提供情緒價值，讓你體面地拒絕對方

拒絕別人的困難之處在於，你必須妥善地處理好商業利益與人情世故之間的關係。特別是對於和你保持了很長一段時間良好合作關係的夥伴，如何既能體面地拒絕對方，又不傷害雙方的友情呢？這是一件非常棘手的事情。如果不能權衡好利益和情面之間的關係，則很可能鬧得兩敗俱傷。這種情況應該如何解決呢？

我的公司在轉型做直播帶貨的時候，也遇到過類似問題。那時候，由於一些帳號的流量和關注度還不算高，因此很難找到合適的供應商進行合作。當時，為了找到一個比較有實力的合作方，我將收益的抽成提高到20%，甚至更高。經過一個多月的苦苦尋找，我終於找到了趙總，他表示願意成為我的供應商。

我和趙總的合作進行得非常順利，對方不僅熟悉供貨、選品的訣竅，而且對於工作十分負責。如果貨品出現了問題，一定會在第一時間解決。雖然我的利潤少了一點，但是在起步階段能遇到這樣的合作夥伴是非常幸運的。

然而，雙方在合作一年之後，續約時，趙總希望可以跟我簽訂獨家協議，也就是公司所有直播帶貨的事情以後只能由他們團隊負責，而我不能再與其他人合作。這個事情我是無法接受的，而且相反，我為了擴大業務，必須尋找更多優秀的供應商合作，這就意味著，我必須拒絕趙總獨家合作的請求。

但是我沒有直接說「不」，我是怎麼做的呢？

我考慮良久，認為必須找到一個既能拒絕趙總的合作請求，又保持雙方良好關係的方法。於是，在雙方談判時發生了以下對話。

「趙總，我和您合作這一年，非常信任您的專業、實力和責任心。可以說，如果沒有您的支持，我很難取得今天的成績。」我真誠地看著趙總，觀察他聽到這番肯定之後的反應。

「哪裡的話，我們之間的合作很順利，也希望明年我們能更密切地合作。」趙總笑著對我說。

我接著對他說：「我對您這邊的工作還是非常肯定的，我依然希望今後與您合作，您將永遠是我的首選供應商。」

趙總微笑著點了點頭，說道：「我也期待和您更進一步的合作。」

「但是，有個情況我不得不和您彙報一下，因為明年需要進一步拓展業務，同時降低供貨成本，所以我不得不選擇增加另一個團隊來合作，他們的收益分成是10%，而且供貨能力也不錯。」

我一邊說，一邊觀察趙總的表情。

趙總聽到我說的這番話之後，臉上浮現一絲遺憾和不快。

「希望您能理解。而且我向您保證，今後的合作您依然是我的首選。」我用誠懇和略帶愧疚的語氣對趙總說。

趙總點了點頭說：「雖然有些遺憾，不能簽訂獨家合作協議，但是我能理解你的選擇。」最終，我拒絕了趙總提出的獨家合作要求，並且最大限度地維護了雙方的體面。

回顧上述對話可以看出，我用提供情緒價值的方法，巧妙地拒絕對方，又不傷情面。

首先，我對他的工作進行了充分肯定。從專業、能力、責任心等角度，對他進行了最大限度的認可，這是在給對方提供情緒價值，最大限度地撫平對方的遺憾和挫敗感。

其次，我給了他繼續合作的希望。我告訴他，接下來雙方依舊繼續綁定合作。

再次，講明我的處境和無奈，提出對對方請求的拒絕。

最後，我再次肯定和承諾對方。對於合作，即便有其他合作夥伴的加入，並且無論對方條件如何，你依然是首選。

相比於直截了當的拒絕，或者委曲求全而言，先給對方提供情緒價值，並且給予對方希望，之後再提出合理拒絕。告訴他拒絕的難處和無奈，並給予對方肯定及對未來的承諾，是有效化解矛盾並達成談判目的的方法。這樣不僅最大限度地緩解了拒絕對方所造成的負面情緒，同時也巧妙地修復了雙方可能破裂的關係。

提出不可能完成的任務，讓對方主動說不

如果為對方提供情緒價值，是將拒絕對方帶來的負面影響降低到最小。那麼，向對方提出一個不可能完成的任務，讓對方主動說不，則是典型的逆向思維。我分享的這種方法不僅巧妙，而且會讓你的拒絕顯得更加順理成章。

比如，當你的媽媽叫你洗碗的時候，你特別不想做，但是又沒有理由拒絕，你應該怎麼做呢？有些調皮的孩子會搶著洗碗，在洗碗的過程中，故意把碗摔碎幾個。這樣你的父母就不會讓你繼續洗碗了，因為他們無法接受你洗碗帶來的損失。當然，我並不建議小朋友們都去模仿，只是藉這個例子提出一個很巧妙的方法：向對方提出一個他不可能完成的任務，用以拒絕他人。

為什麼這個方法能夠在談判當中屢屢收到奇效呢？因為它符合「拆屋效應」的心理學原理。拆屋效應是指，面對一個難以完成的任務時，絕大多數人的第一反應是放棄，而不是先把任務接下來慢慢做。就像你要請人拆一棟房子，如果你只要求他從窗戶拆起，然後拆門、牆等，最終拆完整間屋子，那麼他很容易接受這個任務。但是，如果你一開始就說：「師傅，請您把整棟樓拆掉。」那做事的人則很可能會產生害怕困難的情緒，並且放棄任務。

你也許會說，道理我都懂啊，但是這和拒絕別人有什麼關係呢？下面我將和你分享一個典型案例，看看這個方法是怎麼運用到商業談判當中的。

胡總是投資圈裡一位較有名氣的投資人，同時也是我的合作夥伴。但是，由於他進入直播帶貨的時間比較晚，為了盡快把業務做大，他希望我能加入他的帳號陣營給他做直播帶貨，從而快速增加帶貨數據。但是當時我已經轉型做知識付費，並不想和他繼續合作了。為了拒絕胡總的合作請求，我著實費了一番腦筋，畢竟不想得罪他，於是雙方展開了以下對話。

「楠姐，我特別希望你能和我合作，一起做直播帶貨。」胡總說道。

我笑著回答：「不好意思，胡總，我已經轉型做知識付費了。但是，我覺得您的這個提議很好，我想聽聽您的想法。」

「我覺得這兩件事情不衝突啊，我們可以一邊帶貨一邊做課程嘛，都能合作起來，我的供應鏈及人脈資源可以讓你更上一層樓。」胡總繼續說。

「胡總，您的實力有目共睹，您能找我合作是我的榮幸。這樣吧，我們也可以先合作試試。不過，我現在遇到了一些棘手的事情，如果要開始合作，我希望得到您的幫助和支持。」（我要開始給他拋出難題了。）

「你說來聽聽。」

「第一，我現在直播間的流量不太穩定，我特別希望您能請官方幫忙診斷一下。有了穩定的流量，我們才能更好地合作。」

我接著說：「第二，由於合作夥伴的物流等問題，現在直播間的評分數很低，所以直播間被限制流量。因此，希望您能想辦法提高評分數，這樣直播帶貨的效果才會好。」

他聽完了我的問題和訴求之後，開始面露難色。其實一開始我就知道他是解決不了這些問題的。不過，對方也沒有明確說行或者不行，而是告訴我：「看來這個事情還是挺難解決的，我盡力吧。」

後來過了幾天，對方還沒有答覆我。於是我主動出擊，繼續追問對方：「胡總，您嘗試解決的結果怎麼樣啊？現在情況怎麼樣了？」最後逼得對方明確告訴我：「不好意思，目前解決不了。」

之後他主動提出：「要不然我們的合作再等等？」至此，事情圓滿解決，既婉拒了別人，也沒有堵死彼此未來合作的可能性。

我們復盤一下這次談判，可以很明顯地看出，我提出了對方不可能完成的任務做為拒絕別人的方法，主要包括以下步驟：

第一步：假意認同

先表明自己的立場，但不直接否定，而是先假意贊同與對方合作。在這次談判開始，我就很明確地告訴對方我已經轉型，這是表明立場。假意表示贊同，告訴對方「我們可以嘗試合作」，這樣做的目的是先穩住對方，讓對方覺得你認同他，提高對方對你後續要求的肯定度。認同感能使我們快速地跟對方建立一種明確的信任，這是比較重要的。所以一定記得，起初不要直接否定。

第二步：交給對方不可能完成的任務

一般在商務談判中，都不會讓對方知道你當下的困難和弱點所在。但畢竟你現在的真實意圖是不想合作或者是無法達成合作，所以這時候我們可以主動地展露現狀與碰到的困難。

你可以坦誠地告知對方，自己遇到哪些問題，嘗試哪些解決方式，解決了哪些部分，而哪些部分是自己無法解決的。現在你需要對方協助解決這些問題和困難，不然雙方是很難把合作推進下去的。當然很重要的一點是，你在這一步前，已經提前評估過對方大概是沒有辦法解決這個問題的。

在這個過程中，你要非常誠懇地請教對方，並且把自己的真實情況告知對方。比如在以上對話中，我告訴胡總直播間流量不穩定，評分數也影響直播流量及帶貨效果，這些都是我實實在在遇到的困難。當然，這些問題也是對方無法解決的。

第三步：主動詢問進展

對對方來說，這種難題是否能解決，不是當天就能定下來的，往往有一個思考的過程。這個時候，我們就要把握自己的主動權，詢問對方解決問題的進展。

過個幾天，我們就要主動跟對方溝通，問他對之前提出的難題是否有解決方案。注意，這裡一定是你要主動跟進對方，才能說明你對這個事情上心。所以中間的等待時間一定要掌握好。如果以你對對方的瞭解，對方是個雷厲風行的人，那麼等待時間一定要適當地縮短，以免對方主動找你了，這樣你失了先機，效果打了折扣。

最後，還想說明一點，我給大家分享的所有溝通模型都不是「標準答案」，而只是一個引導，用於啟發你自己對於自己、對於人際關係的思考。楠姐只是試圖拋磚引玉，希望你可以得出更加符合你自身境況的觀點和方法，而不只是套用楠姐的公式。

如何讓本應該拒絕你的人，接受你的請求？

我分享給大家兩個方法，不僅能夠讓你用來拒絕別人，同樣可以用來讓對方不忍心拒絕你，並心甘情願為你做事。

舉個例子。在我第二次創業的時候，有位天使投資人承諾給我投資三百萬元，並且雙方完成了簽約。但是，由於資金遲遲不到位，導致最佳的投資關鍵期錯過了，這讓我陷入現金流危機。我必須拿到這部分投資，才能夠擺脫困境。於是，我和投資人之間進行了以下談判。

我對投資人說：「您承諾的三百萬元投資款對我來說很重要，特別希望您能履行我們已經達成的協議。」

投資人表示為難：「我理解你的難處，但是我們公司也確實遇到了一些困難，暫時拿不出三百萬元的投資，而且原本計劃的其他項目的投資也一樣擱置了，希望你能理解。」

我以理解的口吻說：「我能理解您的困難，不過如果不能履行協議，您屬於違約。這三百萬元對於目前階段的我來說很重要，而且這個計劃肯定會給您帶來不錯的收益。您不但不會受到損失，還會為您在業內帶來良好的口碑，從而也降低您違約帶來的負面影響。您看，您能不能也幫我度過難關呢？」

投資人想了很久，說：「好吧，這件事也確實是我們這邊出了問題，我願意先投一百萬元，也希望你能理解我。」

從這個案例可以看出，這位投資人一開始是想拒絕支付雙方已確定的所有投資款項，但是我最終拿到了一部分，而後來這一部分也讓我度過危機。這是因為，我用提供情緒價值的方法，讓對方最終下了投資一部分的決心。

實際上，投資人自身存在違約行為，他是存在愧疚心理的。而且，由於自身其他資金投資策略出現問題，他的公司已經出現資金告急及大量的違約。我們這時就要分析當時對方的心理狀態，他最需要的是什麼呢？其實並不只是少賠多少錢，而是一條釋放這種愧疚情緒的路徑。

我在這場談判當中，並非要追究他的違約責任，只是點明他的過失。之後放低自己的姿態，將這三百萬元的投資說成是對方對我的救助，最大限度地利用對方的愧疚心理，最後要到那一百萬元的投資。

而且，我還向對方表明，我的計劃風險小，但是後面收益會不錯，不會讓他遭受損失。同時，他履行了合約，我做成了計劃，還可以為他塑造一個正面的投資案例，幫助他在某種程度上挽回在業界失去的口碑。在情緒上，我提供給他一條釋放愧疚的管道；在利益上，我盡可能保證他穩賺不賠，他最終選擇願意把這一百萬元投給我。

試想一下，如果你是以問責的態度向投資人要這筆投資，結果會怎麼樣呢？那當然會產生適得其反的效果。

後來我從一位朋友那裡瞭解到，我是唯一一個在那個時期從他手中得到投資的人。可見善於利用情緒價值，對說服他人接受你的請求有多麼重要。

活用談判法則，讓你輕鬆說「不」

有些小夥伴問我：「楠姐，你分享的這些方法看起來都很有道理，可是怎麼用呢？我也不像你一樣有那麼多商業談判的機會，我要如何進行練習呢？」

其實，我們大可不必把談判看得那麼正式，因為我們的生活當中時時刻刻充滿了談判。當你要拒絕別人時，不妨就把它當作一次談判。只要靈活運用談判法則，就能夠在不傷情面的前提下，輕鬆說「不」。

比如，我剛剛進入外商企業工作時，就遇到過這樣一件難處理的小事。其他部門的某位總監想要挖我參與他們部門的一個專案，但是這種跨部門借調經常會出現各種衝突，部門之間的協調也相對困難。我剛進入公司不久，並不想接受這個任務。但我該如何拒絕這位總監呢？

在這個專案的準備會議中，對方部門的這位總監讓我發言：

我首先給了對方部門足夠的肯定：「大家好，我受我們部門總監的委託到會，感覺特別榮幸。這個專案不僅非常有創意，同時能給公司帶來很大收益，我要向大家多多學習。」

總監笑道：「很高興得到你的肯定呀，那麼，你是願意參與到這個專案中來囉？」

我面露難色，回答道：「謝謝您的肯定，是這樣的，認真負責是我的原則，這是對別人負責，也是對我自己負責。我們部門昨天接到了一個特別棘手的案子，大家都在全力想對策。所以，這個月的全部精力我們都會放在這個案子上。當然，您這邊如果需要幫助，只要我們部門總監允許，我會全力配合您的。」

總監皺了皺眉頭，問道：「那你手上的這個案子完成之後，能不能參與到我們的專案中來呢？」

我點點頭說：「我想是可以的，我可以向您彙報一下我的策劃想法。」

接著，我向總監闡述了自己的觀點，總監連連點頭。

這時，對方部門一個核心員工說道：「主管，我很同意剛才楠的策劃想法，可以加入我們的方案中來，我們自己部門的人先做起來，等楠那邊忙完再參與進來，您看怎麼樣？」

總監想了想說：「我覺得可以。」

這次會議中，我既拒絕了那位部門總監的邀請，又沒有造成工作上的衝突。

分析這個案例，我們可以看出，雖然我沒有嚴格按照前文介紹的方法步驟，但是談判的原則卻貫穿始終。

在會議的開始，我充分肯定對方的專案，這是為對方提供情緒價值，拉近雙方的關係。

之後，我表明自己的立場，即我是另一個部門的員工，一定會先全力完成自己所在部門的工作。

再次，引入外界因素，由他人替我拒絕。

實際上，沒有任何一個員工希望外人參與到自己部門的工作當中。因為這樣不但會打亂自己的工作安排，也會降低自身的價值感——讓其他部門的員工參與到自己部門的專案中，豈不是顯得自己部門的員工很無能嗎？我確切地考慮到對方部門員工的立場，並且藉核心員工之口，順水推舟地拒絕了總監的請求。

說服他人是一場談判，拒絕他人也是一場談判。談判的本質，是理解彼此的心理變化，用語言進行博奕，以達到自己的既定目標。

《孫子兵法》中說：「兵無常勢，水無常形。」指揮作戰是如此，談判也是同理。談判的人必須依據自己所面臨的問題、所處的環境，以及談判對手的特點制定談判策略。

那些能夠妥當拒絕別人的人，也並非天生的談判高手，而是將這些基本的談判技巧用到自己的生意、職場和生活中的人。

看到這裡，你是不是也躍躍欲試，想將這些方法操作起來呢？我相信，只要你勤加實踐，並且經常總結，你也能夠成為談判高手！

【挽回關係】

被人挖角，真的只是因為錢嗎？

一次直播問答的時候，一位老闆對我講述了自己遇到的困難。他說自己的公司被一個合夥人把團隊的菁英都挖走了，而且帶走了大部分客戶和業務，現在的公司處於癱瘓狀態。讓他納悶的是，自己給員工開出的薪水比同行高出一倍，為什麼還是被挖角呢？

我反問他一個問題：「你的員工被挖角，真的是因為你給的錢不夠多嗎？」

談生意也是如此。很多老闆把自己被別人挖角的原因歸結為錢沒給夠，或者客戶沒有從自己這裡得到更多的利潤。不過我覺得，事實並非如此。被挖角的原因有很多種，但最根本的原因在於，你沒有和對方建立起深度關係。深度關係既包括利益關係，又包括情感關係。只有提早維護好關係，才能防止被挖角。

我公司的一個銷售員小彤跟了一個客戶很長時間，差點被別人挖角。她覺得自己很難處理，於是讓我介入。我向這個客戶讓出一半的利潤，客戶是留下了，但是公司賺的錢卻少了很多。

小彤非常不理解我的做法，於是發生了下面一段對話。

小彤：楠姐，憑什麼我們分一半收益給他們？
楠姐：你覺得有什麼問題？
小彤：案子是我們的，我們自己也能做，為什麼非要給他們分一杯羹？
楠姐：這個領域他們更有經驗，你承認嗎？
小彤：對，但是……
楠姐：我們要做的是一加一大於三的事，眼光放長遠。
小彤：您就不怕對方以後擺我們一道？
楠姐：那只能怪我看走眼了。
小彤：楠姐，你這是在賭啊！
楠姐：我相信他們。
小彤：好吧，我去擬定協議。
楠姐：有時候，吃虧是福。

小彤之所以對我的做法不理解，是因為她沒有想明白做這筆生意的目的。其實，我並不指望能夠從這筆生意中賺到多少錢，而是希望學習和借鑑對方的經驗和商業模式，因此我必須將短期的利益關係變成長期的合作關係。相比於犧牲一點利潤而言，用利益鞏固好這段關係，防止被別人挖角，顯然更加划算。

你可能會說：「這不還是錢沒給夠的問題嗎？正是因為你多給了對方利潤，人家才繼續與你合作啊。」

問出這個問題，說明你還沒有理解和合作方建立深度聯繫的本質。出讓利益固然很重要，但這只是一個簡單的手段而已，只出讓利益，是遠遠不夠的。在上面這個案例中，我表面上是出讓了利益，但背後卻蘊藏著我對合作方無條件的信任。事實上，在後續的合作中，我也不斷地在與對方共享資源，並且提供足夠的情緒價值。

用共同的利益去維護一段關係相對簡單，畢竟能用錢解決的問題往往不是問題。但是，如果你真的想讓雙方的關係足夠穩固、達到深度，就必須讓對方從心底裡認為你是自己人。

有一位保險業務員，在我每年過生日的時候都會送上祝福。一開始我沒有太在意，甚至不會回覆她的簡訊，畢竟每天接收到的訊息太多了。不過，當這個業務員堅持發祝福五年之後，我開始被她執著的精神感動。我在收到祝福之後，也會禮貌地回覆一聲「謝謝」。有一年，我自己都忙得忘記了自己的生日，她卻依然準時為我送上祝福。

八年之後的某一天，我想給孩子買一份保險，第一個讓我想起來的人就是這位保險業務員。雖然我很少和她見面，但是她每年堅持發給我生日祝福，這至少讓我覺得她是個可靠的人。她能夠認真對待每一位客戶，相信也能夠為客戶著想。於是，我從她那裡給孩子和家人買了保險，我們也逐漸成了朋友。

由此可見，你如果真的能夠與客戶建立起深度關係，而不是僅僅停留在利益層面，那麼不但不會被輕易挖角，還能夠在客戶那裡挖掘出更多價值，獲得更多的收益。

別把情緒當交情

當你知道了建立深度關係的好處，我必須先要提醒你，千萬別把對方表現給你的情緒當作你們兩個之間的交情。

你在談生意的時候一定遇到過這樣的場景：你和客戶在酒桌上聊得興起，觥籌交錯之間恨不得把對方當成親兄弟。你提出什麼合作要求，對方都滿口答應。但是，第二天，你在打電話和他履行在酒桌上談的事情時，對方卻說：「哎呀，不好意思啊老弟，昨天喝酒的時候腦子一片空白，我已經忘記我說過什麼了！」

為什麼會這樣呢？因為你顯然把情緒當成了交情。其實，情緒和交情之間有個很簡單的判斷標準，那就是你和對方是否達到了共情的狀態。比如，一個女孩的情緒本來沒什麼波動，但是在和你談判的過程當中突然情緒激動，一邊說自己的難處，一邊和你攀關係，希望你能同意她提出的條件。這個女孩多半是在利用情緒，而不是為了和你建立深度關係，因為雙方之間並沒有達到共情。

又比如，你的老闆平時和你關係很冷淡，有一天突然和你談感情，從師徒關係談到兄弟情義，再到公司的宏偉願景，好像恨不得把心都掏給你似的。這時候你反而要清醒，想一想老闆是有什麼要求不好開口嗎？是不是想要你無償加班呢？是不是希望你能把專案讓出來，他另外安排人對接呢？是不是因為對你的工作不滿，想把你裁掉呢？

如果你確實「江湖經驗」比較淺，無法根據以往的經驗判斷對方到底是真情流露，還是僅僅在利用情緒，那麼還有一個方法——相信你的直覺。

奧地利心理學家阿德勒提出，人類頭腦中的直覺，往往會傳達最為準確的訊息。因為我們的第一反應源於原始腦，它負責個體生存、生理安全需求和身體知覺。**如果我們覺得不安全，原始腦就會出現三種反應：戰鬥、逃跑和僵住。**這也是人類自我保護或攻擊的本能反應。

當對方展露情緒時，如果你的第一感覺是不舒服，那就說明你從對方身上感受到威脅或者壓力，也可能是收到「不真誠」的訊號。你的原始腦已經開始在向你示警了，這時你就要對這個人提高警惕。仔細想一想，他到底是在和你建立真誠的關係，還是在把情緒當成工具，實現自己的短期利益。你要是想和對方建立深度關係，也要考慮一下自己如果滿足他的要求，能否達到目的。

當你發現對方純粹是利用你的時候，就應當立刻終止這段關係。哪怕對方被別人挖角，也不必太過傷心。因為你勉強維持這段關係，可能會遭受更大的損失。

要把情緒當紐帶

既然情緒不等於交情，那麼在建立深度關係的時候，是不是受情緒的干擾越小越好呢？我認為並非如此，情緒是把「雙刃劍」，當你會合理利用情緒的時候，就能夠用最小的成本建立最穩固的關係。

我在外商企業做高階主管的時候，遇到過一個很難纏的甲方。我們每次把做好的方案交給她，她都會提出一大堆無厘頭的意見讓我們反覆修改，而且經常和對接的人發脾氣，我們所有的同事都不願意和她打交道。

有段時間，每次結算尾款的時候，雙方都要爭論很久，對方甚至還威脅說要換合作夥伴。因為她是公司的一個大客戶，所以也沒人敢得罪她。但是，必須要有個人和她打交道，而這個棘手的任務恰好落在我的頭上。

第一次見她是在一個炎熱的夏天，雖然辦公室開著空調，但是悶熱的天氣依然讓人覺得煩躁。「秦總，這是我們修改完的方案，請您過目。我這次來，也想和您溝通一下結算尾款的事情。」一落座之後，我便開門見山地表達來意。

然而，她並沒有理我，而是用力擠壓著什麼東西。我仔細一看，她的手中居然是一隻蜘蛛。

驚訝之餘我才發現，那原來是一隻橡膠蜘蛛。當你用力擠壓的時候，蜘蛛就會吐絲。這是從美國傳過來的一種紓壓玩具。

「秦總，我最近壓力也挺大的，所以很能理解您現在的心情。」我並沒有繼續談工作，而是和她閒聊了起來。

她先是一愣，然後皺著眉頭說道：「唉，我承受的壓力是別人無法想像的。」我真誠地看著她說：「您可以和我說說，我願意傾聽。」

原來，秦總之所以會在工作中如此焦慮，是因為最近家庭遭遇了一連串變故。先是和丈夫感情不和，兩個人一直在鬧離婚；之後她的父親病重，只能由她照顧；她的兒子經常蹺課玩遊戲，也非常不放心；公司的業務又離不開她，大事小事都要她來決策。她一直在一個人苦苦支撐，有時候難免會把情緒發洩到合作方身上。

聽完她的傾訴之後，我說：「這些真的不是您的問題，您這麼優秀，一定能夠度過難關的！我最好的朋友以前也遇到過很大的壓力，最後得了憂鬱症，後來我推薦給她一位國內知名的心理諮商師。她在諮商師那裡做了幾個月的諮商，效果還不錯，現在她整個人的狀態好多了。」

秦總聽到這番話之後，緊鎖的眉頭慢慢舒展開了，明顯地感覺到她對我的戒備心也放下了。

「你還有那個心理諮商師的聯繫方式嗎？」秦總問道。

我把心理諮商師的名片遞給她，並且講述那個同事透過心理諮商走出壓力的經歷。

一番長談之後，我才開始和她談工作。出乎意料的是，這次公司的方案非常順利地通過，而且尾款也很快結算了。自那以後，我和秦總成了無話不談的朋友，工作對接上也沒再出過任何問題。其間也有其他公司過來試圖搶客戶，但是從來都沒成功過。

回顧這個案例，你可以看出，我並沒有用什麼技巧和話術，而是站在對方的角度，給她提供情緒價值。即使像秦總這樣的女強人，依然需要情緒的安撫，她會在方案和尾款上刁難我們，既是發洩負面情緒的方式，也是在向你傳遞需要情緒安慰的訊號。

這時，你既不需要過多的給建議，也不需要為她提供解決方案。你只需要讓她把你當成自己人，甚至當成一個可以吐露心聲的樹洞。不斷對她說：「我理解你」、「你真的很不容易」、「這些問題的原因都不在你」。給她提供情緒價值，讓她感到你是她的支持者，是自己人，就足夠了。

你想一想，你已經成了她離不開的「樹洞」，她還會輕易地被別人「搶走」嗎？

被挖角之後，你該怎麼辦？

建立深度關係雖然可以防止被挖角，但是依然存在被挖角的風險。那麼，當你被別人挖角之後，應該怎樣處理呢？

我們可以從以下幾個方面進行應對。

其一，你要判斷這段關係是否值得去維護

耗費心力去維護這段關係，CP 值真的高嗎？如果對方能給你帶來的價值非常大，放棄這段關係會讓你遭受巨大的損失，就應當盡力去維護這段關係。反之，如果比起放棄這段關係，繼續維護關係可能會讓你遭受更大的損失，則要毫不猶豫地選擇終止這段關係，並且想辦法解決被挖角之後可能帶來的負面影響。總之，評估時要足夠理性客觀，不要意氣用事，更不要讓「沉沒成本」影響你的決策。

以前上班時，我的同事曾經搶走過我的一個客戶，但是在權衡利弊之後，我並沒有去挽留。因為我在和這個客戶打交道的時候，發現他是個非常善變的人。本來說定的一件事情，他過幾天

就會變卦，常常打亂我的安排。如果繼續合作，他還是會給我帶來一些表面的利益，但綜合評估下來，我覺得他就是一顆定時炸彈，說不定什麼時候會給我帶來巨大的麻煩。

而且我也瞭解到，那個同事也只是為了賭氣，才想搶走我的客戶。她在和客戶談條件的時候，甚至自己付出了很多成本。可以說，這筆生意不僅不會給她帶來收益，反而會讓她遭受損失。而她挖角的行為，相當於為我「排雷」了。

果不其然，這個客戶在和這個同事合作一個月之後，就被別人挖走了，她不僅白費力氣，還損失了很多錢。而且由於精力都放在這個不可靠的客戶身上，她在考核期內沒能完成 KPI。

以上案例，對我們來說是一個警惕。在職場中，很多人一旦遇到有人搶客戶，就會耗費巨大的代價把客戶留住，也不管這個合作到底有多大的價值，這其實是讓情緒左右了決策，說白了，就是為了「贏」。然而現實卻是，很多時候，你贏了「面子」，卻輸了「裡子」，得不償失。

其二，分析誰有錯在先

你被挖角之後，對方已經處於違約狀態。你和對方之間如果有合約，那麼就先審視你們在合約當中是否簽訂了違約條款、保密條款。如果雙方簽訂的合約規定模糊，或者沒有簽訂合約，那麼梳理一下在合作的過程中你是否有不妥的地方。

我在經營 MCN 公司時，也遇到過被挖角的問題。我的一個高階主管離職的時候，想要挖走公司裡的一個網紅，同時帶走網紅的營運方案，帶走我們的合作方資源庫。出現這個情況之後，我立刻審視當初雙方簽署的合約，看到合約中明確規定違約條款、競業禁止條款之後，我確定了即使網紅被挖走，我也會得到足夠數額的經濟賠償。

而且，我在履行合約的過程中，並不存在任何不正當行為，也沒有留給對方任何把柄。

但是，對於營運方案，合約裡並沒有明確規定保密條款。也正是看到這個漏洞，我決定透過談判來解決這個糾紛。

其三，利用情緒達到目的

哪怕挖人者和被挖走的人在你面前表現得很無所謂，但他們的內心一定是存在愧疚感的。因為他們的做法不僅違約，而且在很大程度上違背了道義。我們可以利用他們心中的愧疚感，達到將損失降到最小的目的。

我和那個挖人的前高階主管進行談判。我開門見山：「對於你的所作所為，我非常憤怒！」

前高階主管不以為意：「反正我也已經離開公司了，你憤不憤怒，我無所謂。」

我嚴肅地說：「我已與律師仔細溝通過，按照合約的違約條款，你必須賠償公司一百萬元的違約金，並且在三年內不能從事類似的工作，否則公司就會起訴你。」

他有些心慌了：「楠姐……你一定要做得這麼絕嗎？跟你這麼長時間，不能好聚好散嗎？」

我沒有接他的話，而是繼續向他施壓：「你必須公開向公司道歉，並停止你的行為！」

「我可以向公司道歉。」

我提出了我的要求：「你要在圈內以及向你挖的網紅公開聲明你的行為違約，而且我公司的方案你一定不能用，否則免談！」

他猶豫了一下：「可以。」

在這場談判當中，我提出要追究對方的違約責任的時候，他已經開始心虛。這時我順勢提出要他公開向公司道歉，實際上是在搶占道德制高點。在他道歉之後，我提出自己的解決方案，並且迫使他接受這個方案，將被挖角的損失降到最小。

不論是你的員工、合作夥伴還是客戶被挖角，你一定不要憤怒或者怨天尤人。你要冷靜下來，分析一下這段關係是否需要維護，在做出判斷之後，採取正確的應對方案。

不過，被挖角往往是因為還沒和對方建立起深度關係，只有提早維護好關係，才能防止你在意的人被搶走。對於重要關係，不妨每隔一段時間就維護一下。也許只是一聲溫暖的問候、一句體貼的關心、一個小小的禮物，就能給你帶來一個意想不到的商機。

【解決衝突】

如何用溝通技巧化解矛盾和衝突？

在直播的時候，一個女孩向我提問。她在職場中遇到一位對她性騷擾的客戶，但是她又不想放棄這個重要客戶，於是陷入了矛盾和糾結當中，想問問我應該怎麼解決。

我問她：「你自己是怎麼處理這件事的呢？」

她說：「他總是暗示我，讓我辭職跟著他一起工作，我就低著頭笑笑，用沉默拒絕他。」

用沉默拒絕別人，這種做法聽起來是不是很熟悉？很多人遇到矛盾的時候，都喜歡用沉默來應對，總希望這樣能夠大事化小，小事化了。不過我想說的是，這樣不但無法解決矛盾，反而會讓矛盾越來越深。

美國經典電影《教父》中有一句臺詞：當你沉默的時候，沒有人會知道你在想什麼。確實，你不明確表態，別人不會清楚你內心的想法。但是，不同的人會從不同的角度出發來理解你沉默的涵義，溝通中的誤解和矛盾恰恰就是從這裡產生的。

在人與人的溝通當中，很容易出現這樣一個問題，那就是你以為自己表達清楚了，但實際上對方根本沒懂你傳達的意思。為什麼會出現這種狀況呢？因為每個人對於語言概念的理解是不同的，所以你要想讓對方明白你的意思，就必須準確而且直接。

這個案例中的女孩之所以用沉默和微笑應對客戶的性騷擾，是因為她既不願意接受客戶的要求，又不想得罪對方。但這就很可能會讓對方覺得，他對這個女孩的行為讓這個女孩很受用，甚至認為女孩內心已經同意了他的請求，只是不好意思直接答應而已。於是，客戶就會一而再再而三地騷擾女孩，甚至產生更嚴重的後果。

那麼，女孩應該如何解決這個問題呢？

我認為，她可以嘗試用溝通中的一個原則：**態度可以謙卑，但是內容必須直接和堅決。**

回到這個女孩的案例，我建議她按照以下步驟去溝通。

第一步，抬高對方

女孩可以對客戶說：「張總，謝謝您這麼賞識我，想帶著我跟您一起工作，我感到特別榮幸。」之所以要抬高對方，是為了讓雙方的溝通阻力降到最低，並且讓你在解決矛盾的時候，不至於和對方撕破臉。

第二步，給對方定位

在抬高對方之後，女孩可以接著說：「您在我心裡一直是一個高於普通客戶的形象。您特別睿智，也特別親切，就像我的父輩和親叔叔一樣。」

給對方定位的目的在於，明確彼此的身分，以及雙方之間的關係。把對方比作自己的父輩，就是要明確地告訴對方：「我們之間年齡相差很大，有著輩分差距呢。而且我一直是把您當長輩一樣尊敬，我們不可能是情侶關係。」

客戶面對一個把自己當成父輩的女孩，怎麼能有非分之想呢?!

第三步，解決矛盾

最後，女孩可以說：「我特別希望您能幫助我完成公司的考核，這對我很重要，我現在在這家公司學習和累積經驗，等鍛鍊好了，才有機會和資格去幫助您。也請您相信我，達成訂單後，我一定會用我的專業為您做好服務！」這樣說，既是進一步明確兩個人之間的關係，也是給雙方留下化解矛盾的出口。這樣也是告訴對方，自己是很想繼續合作的，並且不會因為這件事影響後續的服務品質。

這個女孩根據我的建議，和這個客戶進行溝通。果然，對方自那以後再也沒有騷擾過女孩，而且雙方依然有著比較好的業務往來。

從來沒有什麼感同身受

在產生矛盾的時候，很多人總是期望別人能夠理解自己的難處，大度地不計前嫌。我認為，這是很不現實的。這些年來，我們總是聽到這樣的論調：人要懂得換位思考，做事情要有同理心，要學會感同身受。這些觀點當然沒什麼錯，但這只是比較理想化的狀態。尤其在遇到矛盾和衝突時，我們不要總想著互相理解，因為對方很少會主動來體諒你的難處。

舉個例子。一次開會的時候，我的助理小暢噘著嘴來到我辦公室，向我抱怨公司技術部的同事。

原來，他有個緊急的問題需要技術部解決，但是對方手上的工作也很多，所以拖了一段時間。小暢氣不過，和技術部的同事大吵了一架，最後問題依然沒有解決。於是，我和小暢之間發生了以下對話。

楠姐：你今天怎麼了？

小暢：沒事。

楠姐：你呀，有心事都掛在臉上，說說吧。

小暢：剛才和技術部的同事吵了一架。

楠姐：哦？

小暢：明明是為了工作，可就是得不到他們的理解。

楠姐：那你理解別人為什麼不理解你嗎？

小暢：楠姐，您這話有點繞，我想想……

楠姐：不要總想著互相理解，因為從來沒有什麼感同身受。

小暢：那「相互理解」這句話是騙人的嗎？

楠姐：騙人倒不至於，但是一種奢求。

小暢：哦。

楠姐：立場不同，高度也不同，不被理解，才是人生的常態。

小暢之所以會生氣，會和同事產生這麼大的衝突，就因為他的內心有一個不合理的期望：「我的事情非常重要，你必須站在我的角度考慮問題，把我的需求放在第一位。」

而實際上，你在和別人產生衝突之後，一定不要試圖等著對方來理解你，而是必須站在對方角度考慮，分析導致兩個人之間的利益衝突在哪裡。要知道，不論在生意場還是職場中，陌生的兩個人一定不會平白無故地產生衝突。在這些場合下，能讓雙方產生衝突的，大多是利益問題。

比如，你想讓你的工作排在別人前面，但是負責排先後順序的人又和你有衝突，你應該怎樣處理呢？

面對這個棘手的問題，千萬不能讓情緒左右你的思維。你要以利益和價值為出發點，與對方拉近距離，定位他的身分。這個身分要讓對方受用，能解決你所面臨的問題。之後，再表達你能給對方帶來什麼價值，然後妥善解決衝突。

你可以嘗試按照以下步驟進行溝通。

第一步，強調對方的特殊性

你可以說：「您的性格直爽，我覺得這是您的優點，我感覺和您的脾氣性格很合得來。」這番話既可以拉近你和對方的距離，也能夠讓他感受到自己是被你特別關注和對待的對象，這種做法也是對他很大程度的肯定和抬高。

第二步，給對方定位

接著你可以對他說：「您在我心裡一直都是優先級別的同事，我們未來還會在很多計劃上有合作的機會，需要用到我的時候，您隨時說，到時候我肯定會把您交代的事情優先完成。」

給對方定位，告訴對方「你是優先級別的」，這也是給對方承諾、為對方提供價值的過程。在這個環節，要讓對方明確感受到，你以後一定能夠給他提供足夠的支持。

第三步，提出要求

最後，對他說：「希望您可以幫忙把我的工作排在前面，我一定會用最高效率來完成任務，對公司有滿意的交付。當然，主管也都會知道您在這個計劃上的付出！」

經過前面兩步的鋪陳，對方也會在心中衡量你的位置和價值。這時，如果你提出的要求正好能和你提供的價值對等，那麼對方就很可能同意你的請求。

在以上對話中，我還給了對方一個暗示「我會在主管面前為你多美言幾句的，放心，你的付出不會白費」。這是進一步提供承諾，能夠讓對方更加堅定地配合你的工作。

總之，在遇到衝突之後，一定不要指望對方主動去理解你，而是要從雙方的利益考慮，盡可能透過利益協調，化解衝突。

解決矛盾和衝突，必須要忍讓嗎？

小的時候，長輩經常教育我們，在和別人產生衝突之後要懂得忍讓，退一步海闊天空，忍一時風平浪靜。似乎只有忍讓，才能化解衝突。然而，事實真的如此嗎？

在我看來，忍讓只是掩蓋了矛盾，並不能真正解決矛盾，而且很有可能會讓對方得寸進尺。想要徹底解決矛盾，要先看看造成矛盾的原因是什麼。

控制你的情緒

當雙方的矛盾不涉及利益的時候，那麼你的情緒該釋放就釋放，不能一味忍讓，要在合理的範圍內適當地表達憤怒。當你的行為和想法與對方發生對立，並且關乎自身利益的時候，你就不能被情緒左右，而是從利益出發解決矛盾。

遇到由利益引發的矛盾時，你首先必須搞清楚你的目的是什麼，是爭一時輸贏，還是達到既定的目標。這就要求你必須控制你的情緒，讓情緒從「在意」轉為「不在意」。

很多人無法解決矛盾的原因就在於，他們過分在意自己的感受，而不是自己的利益。一方在意自己利益的時候，就一定有辦法解決矛盾。因為誰想要先獲得利益，誰就會首先低頭，做出讓步。因此，你需要做的是，提供令對方心動的利益點，用價值交換化解矛盾。

進行利益交換

我將透過利益交換來化解矛盾的方法，歸結為以下三步：

第一步：關注自己的利益和目標，而不是自己的情緒、感受和面子。

第二步：放棄你的感受，主動向對方示好，並且為對方提供他需要的資源和價值。

第三步：雙方利益交換，成功化解矛盾。

比如，我在外商企業任職高階主管的時候，和另一個部門的高階主管有些嫌隙，我們兩個之間經常暗自較量。但是在工作當中，我非常需要對方支持，這讓我陷入了兩難的處境。我一直覺得，如果我首先妥協，可太沒面子了。

後來，我的一位主管啟發了我：「你能把這件事完成，能把工作做好，你就是最有面子的。你完成事情之後能獲得你想要的東西，你為什麼要這麼在意感受和面子呢？」

主管的這句話讓我恍然大悟，我的目標是把工作做好，相比而言，我的面子算得了什麼呢？於是我約對方出來吃飯，並且送給對方禮物。然後向對方挑明，我和她之間確實有矛盾，但是我想把工作做好，需要她的配合。如果她也需要我的幫助，那麼我也會伸出援手。

這個高階主管是個非常強勢的人，得罪了公司其他部門的很多人。正好，她做的一個專案需要我們部門的支持，但是由於我們部門的人都不太喜歡她，所以案子一直沒辦法推進下去。因此，她非常需要我幫她疏通部門的人際關係。

這是她想要獲得的利益，也是我能給對方提供的價值。我承諾幫她解決專案中的障礙，她也全力配合我完成了工作。雖然我們雙方由於性格合不來，私交一直一般，但至少表面上我們化解了矛盾，我也出色地完成了工作任務，拿到了豐厚的年終獎金。

由此可見，當矛盾出現之後，並非要一味忍讓，或者隨便發洩情緒，而是要分析利益關係，找出化解矛盾的辦法。

有個網路金句說得很好：「在成年人的世界裡，面子一文不值。」這話聽起來有些功利，卻告訴了我們應當用什麼樣的心態去面對人際關係。

請記住，當你想要和別人講和的時候，先別被自己的負面感受限制了。不妨問問自己，面子和利益之間孰輕孰重？保護面子，可以幫助你達成想要的結果嗎？想通了之後，就要捨棄感受，想想你能為對方提供什麼，用什麼可以打動他，只有這樣，你才能平和地處理問題，並且得到自己想要的。

留個「活扣」很重要

直來直去的人縱然有千般好處，卻有一個顯而易見的缺點：如果處理不好矛盾，很容易走極端，把問題搞得尖銳，讓雙方都下不了臺。

就拿我自己遇到過的一個例子來說。一個在圈內小有名氣的明星經紀人找我合作，他希望能夠成為我直播方面的獨家經紀人。

我自然是很看重這次合作的機會，於是很快安排見面。在談判當中，對方說了很多自己的經歷，比如合作過什麼樣的明星和網紅，以及自己曾經被網紅、明星騙得多麼慘。我意識到，他說這麼多負面案例，是想提醒我在以後的合作中不要這麼對他，因為這些人最後都沒什麼好下場。這給我留下了不好的印象，似乎只要我敢對他有一點異議，他就會像對付那些人一樣對付我。

不過，對方的能力和掌握的資源正是我當下缺少的。權衡利弊之後，我還是決定合作，於是我們開始簽訂協議。

談判當中，對方一直主張簽獨家協議。但是，由於雙方是初次合作，考慮到簽署獨家條款的高風險，我把合約期限由三年改為一年，並且去掉了「獨家」二字。

當我把協議寄給那個經紀人之後，他立刻炸鍋，完全不同意我的修改，說既然不能簽獨家協議，那麼雙方是不可能合作了，只能當朋友。

我覺得我們完全可以再協商，於是我說出了自己的想法：合作中，雙方各取50％的利益，各投放50％的流量成本，這樣遠比簽獨家協議對他更加划算。不過，對方反駁了我幾句就消失不見了。

這是個失敗的案例，但是說明了一個道理，那就是與合作方溝通的時候，最忌諱的是留「死結」。如果這位經紀人當初沒有把話說死，給彼此留退路，那麼即使當下不能達成一致意見，待以後雙方再有意向的時候，大家還可以合作；相反，他直接拋下「不可能合作」的話，處處留下「死結」，即使我們未來有機會，也很難再重新合作了。

結合這個例子，我的建議是，應該在溝通當中多留「活扣」，不要把話說死，給自己也給對方多留下一些轉圜的餘地，給矛盾的化解留下足夠的空間。

比如，我合作過一個創作內容文案的編導，這個人雖然在電影創作方面很有才華，但是我們合作的影片腳本部分他卻寫得很普通。如果換作別的老闆，八成會放棄與這個人的合作。但是，我沒有這麼做，因為我覺得這麼有才華的人一定會在其他地方有價值，而且我們都是能夠控制情緒的人，都能夠相互理解對方。

這個人雖然寫影片腳本不行，但在後來聊天時發現，他在寫歌方面卻是專業級水準。正好我創辦的商學院需要創作一首校歌，我就請他幫忙譜曲作詞，又由他找了歌手演唱和錄製歌曲。這件事情他做得很好，展現出了自己的才華，也表現了他獨特的價值。商學院的同學們都稱讚這首校歌好聽又感人。而且，我在這件事上花費的成本遠比預期低了很多，收穫了意外驚喜。從這件事中就可以看出，在溝通當中一定不能打死結，因為一旦打了死結，你就失去了和對方未來很多潛在的合作機會，以及有可能讓你感到意外的各種資源。人和人之間的矛盾，往往是因為一兩句話得罪了對方，所以在溝通時，一定要控制自己的情緒，給雙方都留出餘地，為未來的潛在合作留下機會。

讓競爭關係變為共贏關係

如果你問我，什麼是戰勝競爭對手的最好辦法，我會告訴你，將競爭關係變為共贏關係。

如果你問我，什麼是共贏？我會說，共贏其實是「他贏」。

你也許會說：「你在和我開玩笑吧？商業本身就是零和遊戲，他贏了我能得到什麼呢？」

其實我是想告訴大家，能夠讓本來純粹的競爭關係變成一種合作共贏的關係，這是一個非常重要的商業技能。在多樹敵和多交朋友之間選擇，我相信你一定會選擇後者，尤其是一些富有創業經驗的老闆和公司高層都不會輕易樹敵。但很多人卻無法正確地處理與競爭對手的關係，所以如何讓競爭對手變成良性的「競爭朋友」，則是一個更完美、更高維度的溝通思路。

值得注意的是，我們不是害怕競爭，而是不希望出現惡意競爭或者死對頭，這對公司的發展並不是一件好事。

我在前面提到一個新詞，叫「競爭朋友」，那究竟什麼是競爭對手，什麼是競爭朋友？

競爭對手很好理解，當你的公司經營範圍、目標客戶和市場與對方業務完全重疊的時候，你們就成了競爭對手。這種情況會導致雙方很難達成合作，甚至會產生不是你死就是我亡的局面。

而競爭朋友則是你的公司跟對方的公司既有重疊、競爭的部分，同時又有互補的空間。這時我們要做的，就是撇開重疊業務的競爭部分，著重挖掘雙方可以互補合作的部分，讓競爭對手坐回談判桌上並成為合作的朋友。

舉個世界知名企業的例子，比如可口可樂和百事可樂。這兩家世界知名的飲料公司，一定是百分百的競爭對手。另外Nike和Adidas、麥當勞和肯德基等，這些品牌之間都是競爭對手的關係。而對抖音和淘寶這兩個平臺來說又是另一種情況。

一方面，兩個平臺的競爭來自電商業務的部分，每年「618」、「雙11」之類的購物節我們都能看到兩個平臺明爭暗鬥的場景。但同時，兩個平臺又存在互補和合作關係，抖音和淘寶每年都會簽訂價值幾十億元的合作協議，由抖音給淘寶提供一部分用戶和流量。這使得兩個平臺變成了典型的競爭朋友關係。

在實際生活中，其實大部分人所從事的行業、所屬的企業的競爭激烈程度，遠遠比不上我前文所說的幾個國際知名企業。所以當我們遇到競爭對手，首要考慮的絕不是如何競爭，而是盡可能地去找到雙方業務上的互補部分，化干戈為玉帛，由對手變成朋友。

我創業這麼多年，深刻地明白一個道理：公司和團隊在發展的過程中，盡量不要樹敵。相信那些有豐富創業經驗的老闆和高階主管都會非常認同我這句話。因為就算你的對手只是一個很小、很弱的敵人，但你不可能無時無刻防備著他，你可能會輕敵或者人家恰好找到了你的痛處從而打擊你，你這時候就會非常難受，甚至整個團隊、公司因此而玩完，我說得並不誇張。所以，我想再次告誡大家，商戰中盡量不要樹敵，這是非常重要的一點。

我在我的短影片中也跟大家分享過一個案例。

楠姐：劉總。

劉總（轉身）：楠總。

楠姐：恭喜劉總得標呀。

劉總：僥倖僥倖。

楠姐：確實要向您學習，各個方面做得都很細緻，我輸得心服口服。

劉總：楠總過獎了。

楠姐：劉總，精裝部分交給我做怎麼樣？

劉總：這……

楠姐：您知道這部分我是強項，我給底價，比您自己做最起碼省十個點。

劉總：嗯……我回去考慮一下。

楠姐：我們雖然是競爭對手，但也可以是合作夥伴。

劉總：是的。

楠姐：我誠心合作，保證您的利益最大化，當然，對我公司也好。

劉總：好，就這麼定了，我相信楠總！

楠姐（伸手握手）：謝謝劉總，合作愉快！

劉總是我的競爭對手，但是雙方卻並非零和遊戲的關係。商業競爭也並非簡單的二元對立，只要雙方具有能夠互補的商業利益，對手也可以變成朋友。

要想把你的競爭對手變成你的合作夥伴，就必須讓對方在雙方的合作當中得到實實在在的利益。**讓你的對手贏，把對手變成自己人，本質上是少了一個敵人，歸根結柢勝利的還是你自己。**

「化敵為友」的三個步驟

「化敵為友」屬於人際交往中的超高難度操作，因為你走錯一步，不但在商業競爭上失去了體面，很有可能還會暴露出你的弱點，成為競爭對手的攻擊點。

想要把競爭對手變成你的合作夥伴，是需要技巧的，楠姐教你以下三招。

第一步：主動示好

既然是競爭對手，那麼雙方的關係就一定不會很親近。這就導致你並不十分瞭解對方正在做什麼事、有什麼樣的具體需求，更不可能瞭解雙方有什麼能夠互補的地方，或者快速找到共同的商業利益和目標。因此，主動示好，邁出合作的第一步，是最為重要的。

先說一件發生在我與我公司某個簽約網紅身上的事。

我打造過不少網紅，有一個網紅是公司在她做電商起步階段時就簽約合作的。一開始，網紅負責制作內容，公司負責提供電商貨品、壓貨成本，以及網路店鋪的經營。當她達到一個非常不錯的帶貨成績之後，她提出要跟公司解約，自己獨立。這是很多 MCN 公司都會碰到的問題。

她曾是公司一手打造出來的，現在卻要離開，並準備開一樣的公司開展一樣的業務，曾經的合作夥伴瞬間變成了競爭對手。按道理來說，一般 MCN 公司碰到這種情況，要麼乖乖放人並老死不相往來，要麼撕破臉對簿公堂鬧得不可開交。但我當時的做法有些另闢蹊徑，我沒有阻止她離開，人各有志，強摘的瓜也不甜。

我雖然感到很失落，但思考再三，覺得為了這件事和這個網紅鬧僵並非上策。因為公司發展最重要的是不要樹敵，而且最好要把競爭對手想辦法變成競爭朋友。我主動跟她提出：「不如我們換種方式來合作吧！你獨立之後還是要找人負責貨品這一塊，而我們畢竟合作了這麼多年，彼此都已知根知底了。所以你和你簽約的網紅可以繼續賣我的貨，壓貨囤貨的成本依然由我來承擔，我也不限制你和你的網紅賣其他公司的貨。你想做老闆，我支持你！」

她非常感動，對我說：「楠姐，我從來沒有見過像你這麼好的老闆！」

就這樣，她從公司旗下的網紅變成了公司的合作夥伴。她成立了跟我公司性質類似的公司，兩家公司的業務確實有不少重疊的部分，但是我們並沒有因此成為純粹的競爭對手，雙方還繼續以合作的模式共處。

第二步：展示價值，提供資源

還是這位網紅。我知道她的父親一直身體不好，看病治療需要高額的費用。因此我接著對她說：「我認識一些醫術比較不錯的醫師，你的父親如果需要治病，我可以為你引薦。」

提供資源對於化敵為友而言，是非常重要的一個環節。即使你主動示好做得再好，不能為對方提供想要的資源也不可能形成合作關係。

你提供的資源如果是對方缺少的，那麼就和對方形成了互補。這時，你們看似是競爭關係，其實已經為形成新的連結做好了鋪陳。

在一般的商業合作中，我們則需要最大化地向競爭對手表明你的商業合作價值。如果你只是單純地跟對方說：我們要友愛，我們不要惡性競爭，我們可以成為朋友之類的話，對方可能連回應都不大會回應你。因此在接觸過程中，一定要優先拋出自己的合作價值，你能給對方提供什麼樣的幫助，能產生什麼樣的利益。當對方覺得這個事情還不錯、可以做的時候，大概這個事情就能成功了。

第三步：利益互換

許多人在做完第二步提供資源之後，就以為大功告成了，競爭關係會自動變為共贏關係。實際上，這麼想是錯誤的。

商業關係本質上是利益互換，共贏關係更是如此。你為對方提供資源只是一方面，只有當對方回饋以對等的價值時，你們才能算是建立了新的合作關係。

我在為網紅提供了對她來說互補的資源之後，繼續對她說：「我這邊目前可以給電商類的網紅提供貨品和服務，這塊業務和你公司的主營業務並不重疊，而且還很互補。你可以把你簽約的網紅的電商業務交給我來做，我們合作共贏！」

她想了想，然後把她簽約的幾個網紅的電商業務交給我來做。於是，原本是競爭對手的雙方，建立了合作共贏的關係。總之，商業關係並不是非黑即白的。有些時候，我們被簡單的對錯限制了思維，忽略了這個道理。而真實的商場邏輯是，只要你能幫我解決問題，只要你能給我提供想要的價值，我們就有合作的空間。

還是老觀點，成年人的世界直接給對方利益和價值，比營造好關係更為有效。很多時候，保持開放的心態會獲得更多，這個世界很少有人能夠透過吃獨食做大做強，只有合作才能產生「1+1>2」的效果。所以我們在商務溝通中除了只有「聽你的」和「聽我的」這兩種選擇方式，還多了一種「聽我們的」的新選擇。

在面對競爭對手時，千萬不能被非友即敵的「二極體思維」限制。要從對方的需求和利益出發，尋找你們之間能夠合作的地方，才能化敵為友，合作共贏！

職場衝突：遇到「職場 PUA」怎麼辦？

這幾年經常聽到「PUA」這個概念。有一次，我的朋友小璐對我說，自己被主管 PUA 了。她在工作上常常要對接兩個主管，但這兩個主管的意見又經常不一致，小璐被這兩個人指揮得團團轉，導致工作常常無法完成。其中的一個主管又總是以工作業績不達標為由，對小璐莫名指責。

這樣的工作環境，讓小璐覺得每天上班的心情比掃墓時還要沉重。但是，她既要還房貸，又要供孩子讀書，一時又不能辭職，所以每天都感到很苦惱，想問問我應該怎麼解決。

聽完她的傾訴之後，我反問了她一句：「你遇到的事情，真的是職場 PUA 嗎？」

實際上，PUA 是一種很嚴重的心理犯罪行為。職場 PUA 指的是職場中上級對下級的精神控制，即主管精準打擊員工的自信，以達到從精神上掌控員工的目的。「施暴者」會交付給你巨大的「壓力」，下級無論怎麼做都會被批評打擊。

在這種高壓打擊下，員工會逐漸否定自己的價值，認為能進這公司都是福氣，被開除就再無出路，從而被迫服從主管的權威和羞辱，扛不住的人甚至會自殺。這種職場 PUA 通常對社會經驗不足的職場新人非常有效，讓其深受折磨。

其實，從小璐的描述來看，她遭遇的並非職場 PUA，而是普通的職場衝突。要知道，真正的職場 PUA 是不斷地打壓你，但是不給你解決辦法，孤立你，讓同事遠離你，讓你對主管產生深度依賴感。真正的 PUA 很少，因為施暴者需要費很大功夫，才能把氛圍做足。

如果真的遭遇職場 PUA，那麼我建議直接離開公司。但是，小璐面對的是職場衝突，卻可以用溝通來化解。

小璐面臨的問題，很多人都遇到過，那就是公司決策層意見不統一，主管之間的衝突轉移到了下屬的身上。

如果你也遇到了類似的問題，我們可以分以下四個步驟來解決。

第一步：告訴主管你的為難

你可以在兩個有衝突的主管當中，找一個跟自己更親近的主管，向他說說你自己遇到的問題。這時你不要參與到兩個主管的衝突當中，只是真誠地向他說出自己的煩惱。

在訴說的時候，最初的態度盡量積極一些，比如「我真的很喜歡這份工作，跟您相處也很開心，但是……」

注意，你只是客觀訴說目前存在的問題，千萬不要控訴另外一個主管，不要去告狀，以免隔牆有耳。

第二步：讓對方站在你的角度考慮

之後，你可以告訴他，自己很想把工作做好，但是真的不知道該聽誰的。請主管站在你的角度想一想你的難處，如果再這樣下去，你真的沒辦法工作了。

比如：「您上次交代我的任務，我非常認真地在執行。但是在一些關鍵點上，我不知道應該聽誰的……我今天來找您，真的是想請求您的幫助。如果再像現在這樣下去，我的工作很難進行，我也非常著急。」

第三步：傳遞假的離職訊息

你可以向主管傳遞想要離職的消息，告訴主管如果這個問題不能解決，那麼你就只能離職了。其實，這並非真的要離職，只是虛晃一槍，真正目的在於將你的意思透過一個主管傳遞給另一個主管，無論他們的關係如何，面對下屬離職他們還是會面對面地去認真討論這件事。這也為避免再出現管理混亂的情況做好鋪陳。

你可以繼續說：「說實在的，如果工作完成度不好，不能滿意地交付給您，交付給公司，我最終只能引咎辭職了！」

第四步：讓對方下達明確的指令

你的主管在聽到你的傾訴之後，也許會對你說：「不要聽另一個人瞎指揮，一切服從我的命令。」

即使主管明確表示要全聽他一個人的話，你也要讓主管發布一個公開的指示。比如，在你們的工作群組做一個公開聲明，確定你的工作內容。或者讓主管和另一個主管溝通好，兩人在後續的工作中先達成一致意見，再向下傳達，不要隨意發出命令。

做完上述四個步驟之後，問題如果還是不能被解決，那麼我建議你離開這家公司。因為人生苦短，沒必要把寶貴的青春浪費在這樣一家管理制度混亂的公司裡。

不論在職場還是生意場，不論是主管之間的矛盾、銷售與客戶之間的矛盾，還是主管與下屬之間的矛盾、創業者與投資人之間的矛盾，都可以透過溝通來化解。溝通既是最低成本的解決問題的方法，也是避免矛盾激化的最佳路徑。

當然，這不僅需要我教給你的溝通方法，更需要你有清晰的頭腦以及冷靜的心理狀態。用有效的溝通清除你前進路上的障礙，將矛盾和衝突化解於無形。

Chapter 6

職場關係管理：提升你的「軟實力」

職場人最不容忽略的競爭力，就是影響他人的能力。

為什麼有的「職場常青樹」可以屹立職場永不倒？祕訣就在於他們具有不可或缺性，能夠被共事者信賴。

無論你是主管、員工，還是合夥人、合作方，都要利用自己的人格魅力和人際洞察力，成為布局之中無可替代的那一個。

先做好自我管理

無論你是老闆、高階主管還是普通員工，都免不了要與諸多同事、合夥人打交道，因此，學會經營職場關係，是每一個職場人的必備技能。當然，這並不是讓你變成「職場老油條」，而是為了讓你在工作時更加得心應手。

所以，在分享管理職場人脈的方法之前，我們應該先進行自我管理。因為我始終秉持著一個觀點：想要別人肯定你，你自己必須實力堅強、人品可靠。

做你自己的老闆

我在企業裡做高階主管的時候，經常聽見手下的員工抱怨每天的工作太多，上班的時間根本無法完成，每天都要加班。員工甚至會把矛頭指向自己的主管，認為是主管不會管理，才會出現這種問題。這時候，我總會反問一句：「這真的是主管不懂管理嗎？還是你缺乏自我管理的能力呢？」

有些人看起來很忙，其實是在假裝努力。如果你仔細將他們每天的工作做個記錄，你就會發現他們的時間和注意力往往被滑手機、看網頁、看短影片、購物占據了很大一部分。真正集中精力做事情的時間，反而非常有限。

有些人將這個問題歸結為缺乏時間管理的能力，但是我認為，不會管理時間只是表象。時間管理的重點在於，如何用計劃分配時間。然而，許多人可以把工作安排得很完美，卻很難執行下去。真正的問題在於，他們不能自我管理。只有提升自我管理的能力，做到自律、克制、克服多餘的欲望，才能將全部的時間和精力集中在當前重要的工作中，實現自我價值的提升。

如何才能提升自我管理的能力呢？我覺得，轉變自己的心態是最重要的。你只有從打工人的心態轉變為老闆心態，才能真正學會自我管理。

做危機感的朋友

老闆心態和打工人心態最大的區別在於，老闆往往有著極強的危機感。而且當老闆的人，對自己的要求都很高，會把最壞的一面放大，給自己製造危機感。

哈佛大學的一項心理學研究指出，在危機事件發生後不久或當時，人會感到震驚、恐慌、不知所措。不過，當事人會努力恢復心理上的平衡，控制焦慮和情緒紊亂，恢復受到損害的認知功能。

接著，遭遇危機的人會積極採取各種方法接受現實，尋求各種資源努力解決問題，使焦慮減輕，自信增加。最後，經歷了危機變得更成熟，獲得應對危機的技巧。因此，給自己製造危機感，不僅能夠讓自己更加努力地工作，而且能夠有效促進自身心智的提升。

比如，我在做產後恢復創業計劃的時候，雖然成功地拿到融資，而且商業模式已經在進行，但是我依然不斷告訴自己，瓶頸已經出現，危機就在眼前，如果不能不斷地開拓新業務、找到更多盈利點，那麼公司很有可能倒閉。這也促使我沒有停留在原地，而是不斷前進。到後來，我最終發現了打造網路 IP 的風口，完成了事業上的飛躍。

我經常會回想自己最難堪的境遇，設想我現在的計劃失敗，我又要重新創業該怎麼辦？想一想我真的面對這樣最糟糕的境遇，自己還能否接受？並且告訴自己，如果我不努力工作，就會很快遭遇危機。

請想像一下，一個人每天面對生死存亡的危機感，他會因為一點小事苦惱嗎？一個人每天努力工作，很擔心並且想像著第二天計劃也許會失敗，自己和公司很快會面臨淘汰，那麼他會因為外界的誘惑或一時的懶惰、享樂而停下前進的腳步嗎？危機感十足的人，會被小小的困難嚇倒嗎？答案當然是否定的。所以，當危機感成了你的朋友，你就可以克服一切困難，提升自我管理的能力。

找到你「志同道合的夥伴」

不同老闆自我管理的方法也有差異，有一類人會找安靜的地方復盤，對自己做過的事情進行深度思考；還有一類人會選擇「躺平」，等待其他人用行動喚醒自己。我則屬於第三類人，喜歡自己嚇唬自己，給自己製造危機感。

我會經常關注身邊的人和事，哪些計劃失敗了，哪些公司做得好好的卻突然間倒閉了，它們為什麼會有如此境遇，我從中要做哪些思考和要獲得哪些警醒。因此，每每我在做公司新業務拓展的時候，一旦業務到了高點，我都在想，不久後的一天業務一定會面臨風險，我是時候去開展新的業務，而新的業務方向在哪裡，我必須提前找到它。

不過，很多人問我：「我不可能像楠姐那樣，每天都那麼充滿危機感，那我該如何自我管理呢？」確實，一個人的能量畢竟有限，不管你如何給自己製造危機感，也總有覺得疲憊的時候。

對於這個問題我的建議是，找一群志同道合的夥伴，和這些「目標一致的人」組成團隊。讓這些人每天給自己提醒和鼓勵，找這類人補充能量。當你疲憊的時候，看看你身邊充滿幹勁的夥伴們，你怎麼好意思懈怠呢？

如何成為決策者需要的人？

「自己人」才是決策者需要的人

在和閨密一起吃火鍋的時候，閨密向我說起她工作中的煩惱：「我每年在公司都是業績排名第一，但主管就是不給我升職，我實在想不明白，這到底是為什麼？」

閨密是個非常有能力的人，而且品行優良。但是，在公司裡始終得不到頂頭上司的信任。我分析了一下，她哪裡都好，就是很少和主管交心。她更願意將自己的精力放在工作上，認為只要把工作做好，表現得足夠專業，就一定能獲得主管的信任。

但是，現實真的是這樣嗎？我自己在當老闆之後，很清楚老闆會信任什麼樣的人。主管信任的人不一定是能力最強的人，但一定是自己人。

主管提拔員工往往不會把能力擺在第一，而是會提拔有能力的自己人。因為用自己人可以降低風險，也會給主管充分的安全感。只有讓主管把你當成自己人，他才會給予你更多的升職加薪機會。好比孩子只會與自己信任的人分享玩具，老闆也會更多地給自己信任的人職場空間，會把更多的計劃、機遇、資源都交給自己人。這本質上是一種交換，用自己掌握的資源換取對方的忠誠。

如何成為「自己人」？

既然只有成為自己人才能被主管需要，那麼如何成為主管的自己人呢？我結合職場中的一些經驗，分享以下四種方法，希望可以給你啟示。

方法一：給主管想要的

想要讓主管把你當成自己人，就要想決策人所想，凡事都能想在主管前面。要給予主管信任感和安全感，不能讓主管覺得你是個麻煩。

你可以從細節做起，建立你和主管之間的信任。比如，在回覆主管訊息的時候，一定不能只說「嗯嗯」、「好的」、「收到」，這會給他敷衍的感覺。你可以偶爾嘗試用「沒問題」、「請您放心」、「我一定辦好」來回覆。

你也可以在主管加班、特別忙碌或者心情低落的時候，默默給主管買他最喜歡喝的飲品、點心、零食送給他。這些事情雖然很小，但是能讓對方感受到你對他的重視和關心。

方法二：提供稀缺價值

提供稀缺價值，就是給主管別人給不了的東西。比如，在主管感到疲憊的時候，你能犧牲一些時間聽他傾訴；或者公司的其他人都拿不下一筆訂單，但是你能接下這個燙手山芋，替主管排憂解難等。這些都是別人無法提供的稀缺價值。

當你能向決策者提供別人不能給的稀缺價值時，你就可以在主管做決策時給他建議。你雖然沒有掌握權力，但你擁有了影響決策的能力。

方法三：給主管安全感

忠誠、誇讚、尊重、替主管背鍋等，都是可以給主管提供安全感的方式。這些都是只有親近的人才能無條件給予的東西。比如，主管周圍的人紛紛離他而去時，你依然能跟隨他。能給主管提供安全感，主管自然會把你當成自己人。

方法四：像家人一樣對待主管

這是最高級別、最高境界的方法。這個世界上，我們最信任的人是誰？我相信大多數人的回答一定是家人。所以我想說，如果你能像對待家人一樣對待你的主管，你就有可能獲得他像對待家人一樣的信任。

比如，我曾經的一個朋友在他老闆突然半身不遂的時候，公司和醫院兩頭跑，忙裡忙外地照顧老闆和他的家人兩個月。在老闆康復之後，這個人被立刻提拔成為老闆最得力的助手。

其實，讓主管把你當成自己人，並不是那麼困難。你只需要一點同理心，並且在細節處想在別人前面，就能夠實現從外人跨越成為主管自己人。

如何成為優秀的主管？

懂員工才能成為好主管

在管理公司的時候，大家很容易陷入一個惡性循環：總是執著於尋找快速見效的祕訣，看見別的老闆做分紅配股，自己也跟著做；看到大企業搞 KPI，自己也要搞一套；看到別人帶著員工辦生存遊戲（射擊活動）的主題團隊，自己也恨不得馬上穿上裝備玩上一場。

彷彿別人的公司看似有效的領導方式，都要在自己的員工身上試一遍。在我看來，這些人都忽略了領導公司最重要的一點，那就是：你真的懂你的員工嗎？那些所謂有效的方法，真的適合你的員工嗎？

我在領導員工的時候，始終相信，只有懂員工的主管，才能成為好主管。你只有把員工當成自己的家人，員工才會把你當成自己人。試想一下，那些在乎你的人，他們會騙你嗎？你的家人會傷害你嗎？當你遇到困難的時候，你的家人會袖手旁觀嗎？

我在前文說過，對待主管，可以像對待家人。其實，對待員工何嘗不是呢？最強的關係，就是成為像家人一樣的關係。一個好主管手下的員工，會在你最需要關心的時候，帶給你最愛喝的飲品，給你一句真誠的問候；當你碰到棘手的問題時，你的員工會主動維護你；當你被攻擊和詆毀時，你的員工會站出來替你擋回去。我相信，員工的這些行為，一定不是平白無故的，那一定是你平時對他們關心和愛護的回報。所以，我在這裡說的「家人」，並不只是表面上「家人們，大家衝啊」的口號，而是真正從態度上、行動上給到員工家人般的尊重和關愛。

我很認同商貿集團胖東來的創始人于東來的一句話：「企業的成功，源於給予員工真誠的愛。」只有你心裡裝著員工，並給予他們需要的價值，員工才會真的把企業當家，為企業賣命。你的企業也才能真正實現發展，贏得最大的利益。

員工真的只看重錢嗎？

有些老闆覺得，自己的員工工作不努力，動不動就離職，都是因為錢給得不夠多。但是，事實真的如此嗎？我在一次跟員工開會的時候，對員工看重的東西做過一項調查，結果很出乎我的意料。

我發現員工最看重以下三件事：

第一，在公司工作能學習很多東西，提升自己的工作能力。尤其是一些年輕的員工，大多數都把「學到真正的本事」放在第一位。

第二，在公司工作能對接資源，擴展自己的人脈。

第三，能賺到錢。賺錢雖然重要，但是絕大多數員工並沒有把它排在第一位。

回想我自己的工作經歷，也同樣如此。我在外商企業工作的時候，主管做什麼都不帶著我，我覺得自己被孤立了，也曾想離職。但是，當我熬過一段時間、打好基礎之後，我的部門主管開始帶著我出席各種會議，並不斷向我分享一些工作經驗、心得和資源。

我發現在開會的時候，這位主管總能說出要點，能快速總結和引導對方按她的思路來做事。而她還有一個最大的本事，就是像一條變色龍一樣，能夠見不同的人說不同的話。比如，對強勢的人她就表現得克制和溫柔，對那些需要領導能力強的員工，又表現出極強的工作能力；想拜託別人的時候，她又能撒嬌，管理下屬的時候又鐵面無私。

從她身上，我學會了很多職場經驗以及管理上的技巧。我後來的談判、溝通技能，也有一部分借鑑她的做法，當然，我進行了篩選和優化。

此外，她還會把商務資源對接給我，不斷把我引薦給各種資源方，拓展我的人脈，這讓我對她的印象完全改觀。那時，我的薪水並不高，但是跟著這位主管，我能迅速提升工作能力，並且拓展自己的人脈圈子。所以，即使忍受低薪，我也一直在那家公司打拚很久，並且升到中層管理的位置。

直到我提出調薪被拒絕才離開公司，因為大公司的調薪制度的確非常苛刻，這讓我覺得高層沒有看到我的價值。當然，那位主管也向上溝通，她試圖說服主管：「楠楠是老員工，基本工資並不高。但是，她的能力很強，又熟悉公司的業務。如果空降幹部頂替她，也不一定做得比她好，還不如調整她的薪水。」

公司的高層並沒有採納她的建議，我最終也選擇離職。不過，現在回想起來，我依然覺得那是一段我成長最快的時光，也是對我產生深遠影響的一段時光。

對員工來說，學習是骨骼，資源是羽翼，錢是金窩。能學到東西，是支撐員工願意待下去的基礎；能獲取資源，是幫助員工起飛的動力；能拿到錢，是保證員工願意持續待下去的激勵。也就是說，老闆只有讓員工在公司自身能力真正得到提升，並且獲得實實在在的獎勵的時候，才能留住員工的心。

如果老闆只是在嘴上說把員工當成自己的家人，但是又不給員工發展的機會，不提供足夠的價值和獎勵，那麼員工一定不會把老闆當自己人，更不會為這樣的公司賣命。

好主管都會向員工「示弱」

除了要善待員工，給他們提供價值，學會示弱也是公司主管必須具備的技能。我在讀歷史的時候，對劉邦這個人很感興趣。他從一個普通的亭長，成就霸業當上漢朝的皇帝，這個人有他的過人之處，是個很成功的管理者。

劉邦有兩個口頭禪，一個是「固不如也」，另一個是「為之奈何」。每當遇到困難的時候，他總是會反覆向下屬嘮叨這兩句話，並且做出一副很無助的表情，期待他手下的謀士「拯救」他。往往在這個時候，他手下的謀士張良、陳平、蕭何等人，就會為他出謀劃策，幫他妥善地解決問題。

劉邦的做法看似很軟弱，實際上卻是管理學中最為高明的手段。當你示弱的時候，就會激發別人的保護欲。這時，領導者就可以最大限度地調動員工的智慧和積極性，讓他們為自己所用。

傑出的帝王要學會示弱，優秀的企業家更是如此。比如，企業家俞敏洪就是向員工示弱的高手。創業之初，他把許多比自己強的北京大學的同學吸引到自己身邊，幫助他一起創辦新東方。

那些北大同學起初也不服俞敏洪，但是老俞並不和他們計較，而是非常虛心地採納他們的建議。這些人也在不知不覺中，推動著企業的發展。

老闆向員工示弱的技巧

老闆大多站在強勢的位置，怎樣才能不留痕跡地示弱呢？你需要學習一些必要的技巧。

首先要注意的是，對你的員工示弱，一定要單獨進行。一來，單獨示弱會讓對方覺得你是對他另眼相待；二來，老闆的身分如果公開示弱，可能會打擊員工的積極性。

比如，你很肯定公司的一個員工，並且想讓他成為公司的核心人物。這個員工的為人很正直，並且心地善良。

對這樣的員工，你就可以單獨和他談一次話，並且用示弱的方式拉近你和他之間的關係，讓他成為公司的核心人物。示弱可以包括以下三個步驟：

第一步：表達自己的難處

對他講一件最近發生的事情，這件事讓你覺得很棘手，而且要透露自己的無奈。告訴他，你很想聽聽他的看法。

你可以說：「我比較相信你的為人和能力，我也需要你的幫助。對這個問題，我非常希望你能給我一些建設性意見。」

第二步：傾聽對方的談話

在對方闡述自己的想法時，要耐心聽他傳遞的訊息以及給你的方案。當他說完之後，你對他說：「我認為你說的第幾點是非常好的，為我打開了思路。像你這樣得力的助手很少，我也希望能在工作中得到你更多的支持。當然，也希望你可以幫助我傳遞更多的訊息，你知道的，我平時太忙了，一些員工的想法和需求，我可能不能夠及時、很好地感受到。如果有你在，我們公司的氛圍可以更和諧。」

示弱要表現出你的弱點，達到與他的共情。如果對方是男生，那麼此時就會激發對方的保護欲。如果對方是女性，也會觸發她母性的一面，開啟她的保護模式。

第三步：許下承諾

最後，你要向員工許下承諾。承諾必須與員工的自身利益相關，比如升職或者調薪，並且在談話即將結束的時候，要向員工表達鄭重感謝。畢竟一切語言技巧都只是輔助，你的行為一定要讓對方覺得你值得信賴。

相信這樣溝通下來，這個員工不僅會非常信任你，還會在公司內部維護你的聲譽，因為他也真正把你當成自己人。

舉個例子。我公司曾經有一位部門主管，能力很強，我非常信任他，但我發現這個人在工作中沒有擔當。其具體表現在，不管遇到什麼問題，他都採取欺上瞞下的方式解決，對我說是下面員工的問題，是誰誰誰失職；面對員工，有問題就往老闆的身上推，搞得員工都恨老闆。

於是，我用示弱的方法，和他單獨進行了一次談話。

我說：「我們共事這麼長時間了，你一直是個重感情的孩子，不論是專業上還是公司的事情，我都很依賴你。」

對方笑著點了點頭。

我接著說：「不知道最近什麼原因，員工對公司意見很大，這件事只有你能幫我。」這時，對方的保護欲就很容易被激發出來。

他對我說：「楠姐，有什麼我能幫忙的，您儘管說。」

我說：「我聽人事反映，我們公司上個月搬家，雖然找了搬家公司，但搞得大家也都挺辛苦的，因為只能晚上走貨梯搬過去，導致大家連續幾天沒能準時下班，財務給大家陸續安排了調休，所以這搬家的時間沒有算在加班裡。有一部分員工覺得我們公司冷血無情，這讓我也很苦惱。其實這期間公司為員工也做了很多事情，比如發福利、發獎金等。我想聽聽你對這件事的看法。」

他說：「這並不是我們公司的問題，遇上公司搬家，這本身就是大家分內的工作。而且，公司也發了那麼多福利給大家，都是一些高價的禮物，價值和搬家的加班費來比只多不少，所以不應該埋怨公司。」

我說：「你能不能在平時和大家聊天時，把這些話對他們說說？也不知道他們能否理解公司。順便問問他們的真實想法，楠姐也希望能盡量滿足大家的要求。」

他拍著胸脯說：「沒問題，包在我身上！」

自從那次談話之後，公司的員工再也沒有出現過對這件事的流言蜚語。這位主管也能夠承擔起自己的責任，工作積極了很多。

如何用示弱挽留你的員工？

示弱不僅可以激發員工工作的積極性，對要離職員工的挽留也很管用。當你的公司有員工提出離職，但是你又很想挽留這個員工的時候，你可以先判斷員工的類型。

如果這個員工非常在乎錢，你可以對他說：「我覺得你很勤奮，工作能力也很強，我很想給你加薪，你值得更好地培養，我未來的規劃裡有你。希望你能跟隨公司共同發展，以後一定能賺得更多！」

這時，對方心裡會認為自己太狹隘了，老闆對自己這麼器重，自己真的不應該離職。而且留在公司自己會賺更多的錢，真的應該留下來。

對於不那麼在乎錢的員工，在和他談話的時候，也要主動提出調整薪水。並且要向他表達公司沒他不行，如果沒有他那團隊就散了。

不那麼在乎錢的員工，往往目光更長遠，更在乎別人肯定自己的價值，以及自己在公司能否繼續提升自身的價值。你對這樣的員工示弱，會讓對方感到自己很有價值，在公司裡很有存在感，這樣可以促使對方留在公司。

如何透過溝通管理團隊？

溝通是最高效的管理手段。

我們在投訴一家公司的時候，經常會對客服說：「這件事到底誰負責？你溝通了這麼半天，還沒找到負責人？」如果這家公司的日常管理很到位，那麼過不了多久就會對接到負責人，並且開始處理客戶的投訴。

但是，一家公司如果管理很差，很長時間都沒有人理會你的問題，或者客服把問題像踢皮球一樣踢來踢去，這樣很多客戶會覺得自己遭到怠慢，問題一拖再拖，甚至會導致客戶採取更極端的方式解決問題。

那些效率很低的公司，並不一定存心要把事情搞砸。這些公司的問題也許各式各樣，但是一定存在一個共同的弊端，那就是溝通效率低下。

其實，溝通是最高效的管理方式，而且管理成本最低。比如，豐田公司第一位總裁在上任時規定，公司所有的管理者必須有三分之一的時間在豐田汽車的工廠度過。在這段時間裡，必須和公司裡的多名工程師聊天，聊最近的工作，聊生活上的困難。另外三分之一的時間用來走訪經銷商，和他們聊業務，聽取他們的意見。

豐田公司的這項規定延續了很長時間，在這期間公司的管理者們受到許多員工的深深愛戴，公司也進入了最輝煌的時期。但是，公司在更換幾任總裁之後，取消這項規定，公司的業績也開始滑落。當然，業績的滑落不一定完全是這個原因帶來的，但也難說與此無關。

總之，溝通不但決定著管理效率，也與公司的發展息息相關。

溝通要直達人心

那麼，怎樣才能提高工作中的溝通效率呢？我認為，在管理工作當中，溝通必須直達人心。你在和員工溝通的時候，不要只是追問，不要只命令他、單方面地陳述，而是要給出一些有效的回應，讓他知道你正在認真聆聽他的彙報，他才願意更加坦誠地表達自己的感受和建議。

在回應對方時，可以遵循以下公式：

有效回應＝描述對方的感覺＋總結對方傳遞的內容

例如：「我明白你對工作進度有些擔心（描述對方的感覺），因為這涉及你能否拿到年終獎金（總結對方傳遞的內容）。」

又如：「方案審核通過你一定很高興（描述對方的感受），這樣你就可以提前兩週完成工作了（總結對方傳遞的內容）。」

相信以上公式可以讓員工更加願意對你說真心話。

講個故事試試

除了有效回應，講故事也是非常有效的溝通方式。心理學家斯坎特提出，故事是促使人類形成共識的最有效方式，群體的認同感始於共同的故事形象。

一九九四年，波音公司遇到一些困難，總裁康迪特上任後，經常邀請高階經理們到自己的家中共進晚餐，然後在屋外的院子裡圍著火堆，講述有關波音的故事。

康迪特請這些經理把不好的故事寫下來扔到火裡燒掉，以此埋葬波音歷史上的「陰暗」面，只保留那些振奮人心的故事，以此鼓舞士氣。

柏拉圖說：「會講故事的人統治世界。」放在公司管理中，也是同樣的道理。優秀的管理者，一定是那些善於講故事的人。

我在和員工溝通的時候，很少長篇大論地說教。每次發言之前，我通常會講一個和主題相關的小故事引出話題。並且把要討論的問題做為故事的結尾，透過這個問題引出主要論點。就像我在寫這本書時一樣，我盡量用故事和案例跟你分享我的觀點和經驗。

故事不僅可以迅速吸引員工們的注意力，而且故事鋪墊出的場景，也能最大限度激發聽眾的感受，為達成共識做好鋪陳。

口惠實至很重要

溝通是管理手段，但一定不能成為管理的目的。你在和員工溝通之後，一定要將你的承諾落實在員工的工作和待遇當中。

相比於大公司而言，小公司在股權分配上更加靈活。小企業的老闆可以充分發揮這個優勢，用分紅配股將員工自身的利益和公司的發展綁定，推動公司業績的提升。

我的公司在做部分的業務轉型時，以短影片、直播、培訓、帶貨為主，相比於傳統的分紅配股模式而言，我以各個項目為中心做分紅配股。

我把公司部分股份放入期權池，每個與核心業務相關的重要員工記名領取期權。把業務拆分成ＡＢＣ各個項目，如果一個項目的有限合夥拿錢了，就會發揮激勵作用，員工會自告奮勇地參與到項目中。

這種分紅配股模式在出現利潤之後，要立即分錢，比如一個月有利潤，當月就根據股權比例分錢。在分紅配股之前，必須對員工進行動員，詳細分析該項目的利潤曲線，讓員工直觀地看到可分到的利潤，並與員工簽署合夥協議，這樣才能最大化調動員工的積極性以及獲得忠誠度。

用好你的「內部大腦」和「商業外腦」

我常說，成功的商人都有兩個腦袋，一個腦袋關注企業內部的運作，另一個腦袋關注變化的商業環境。我把關注外部環境的腦袋叫做「商業外腦」。如果你想創業成功，就必須在協調好內部團隊的同時，用好你的「商業外腦」。

我的兩個大腦，一個是內部大腦，一個是外部大腦。

內部大腦是需要調整的，雖然不能說你內部的人很多都是無能之人，但你還是要不斷地去完善你的隊伍並從中挑選出你的精銳戰隊人選。當你的外腦確定要開疆拓土拓展新領域的時候，你就需要組建「敢死隊」，就跟打仗一樣，敢死隊就是去冒死完成任務的，隊員也知道一去很可能「有來無回」。

這些「敢死隊」員工，他們本來能在別的部門賺很多錢，但是跟著你做這個新業務，很可能到最後分文沒有。敢死隊的成員必須不看重眼前利益，不計較個人利益，只在乎集體的成功。如果敢死隊成功了，就會成為英雄，成為公司的超級菁英。

英雄不是誰都能當的，每個人都熱愛榮譽，但只有勇往直前的人才能獲得這分榮譽。非常幸運的是，我的公司就有這樣的人。在我的公司轉型之後，我曾經有段時間都是在苦苦硬撐的，而他們願意挺身幫助我，每天熬著夜和我一起研究短影片平臺的各種規則和數據，研究如何輸出好的內容，獲得流量紅利。我非常感激他們，他們就是我的「內部大腦」。

當然，我如果沒有搭這個臺子，就不會有後續的發展。我創業十年，在創業的整個過程當中，我都在不斷地提醒自己：「李楠，你是這家企業的開拓者，你必須扮演好開疆拓土的角色，要擁有一個清醒的『商業外腦』。」

我並不是一個獨斷專行的人，我也能夠聽進去內部人的意見，但是我永遠會留出一個「外腦」，冷靜而客觀地觀察外部世界的變化。商業外腦會清晰地告訴你，當下的業務還有沒有價值，還有沒有發展空間。外部世界永遠是有機會的，就像金山閃爍的微光，可以指引你去抓住機會。但如果你缺乏商業外腦，就看不到這個微光，無法跟上趨勢。

看不清外部形勢，錯過趨勢，公司很可能會死路一條。

因此，在創業的過程當中，你必須處處留心所處的商業環境。只有外部商業環境出現變化的時候，才會出現商業機會。比如，我之前做過產後恢復計劃，但是為什麼要轉型做 MCN 機構呢？就是因為外部環境出現了機會和趨勢，讓我必須轉型才能生存。

其實，我的產後恢復計劃在當時已經拿到了新一輪的投資，但我並沒有投入太多的錢在這個計劃當中。我發現這個計劃收入模型單一、存在著無法克服的瓶頸，而網紅經濟是趨勢，當時我並沒有和投資人商量，就果斷地轉型了。贏利之後，我才和投資人說了轉型的事情，投資人表示非常支持，又追加投資。

投資人更在乎的是投資報酬率，並不在意讓他們贏利的計劃具體是什麼，所以，拿到投資之後要立刻做正確的事情，不要反覆在看不到前景的計劃上消耗時間和金錢。一旦確定好自己要做的事情，就要學會做減法，要把優勢的資源和人力用在刀口上，打造能賺錢的主力產品或服務，集中優勢兵力，突破重圍。

總之，做生意不要只盯著公司內部的運作，也不能只是一味地低頭往前衝，一定要有一個「商業外腦」，時刻保持清醒，多看看外面的世界。同時，你要找到可靠的、可以背靠背作戰的合夥人，讓他成為你的「內部大腦」。

創業，一定要選擇對的人合作

有人說，選對合作夥伴，你的創業就成功了一半，我深有同感。

那麼，如何選擇可靠的合夥人呢？我一直主張不要首先選擇和你的好朋友一起創業。

在我們的印象中，中國的企業家在創業時，通常會首先選擇親朋好友來合作。其實，西方的投資者也是如此。二〇一二年六月，哈佛大學商學院的研究人員發表了一篇名為〈友誼的代價〉的文章，這篇文章考察了三千五百一十個風險投資者，以及他們將近三十年間的一萬一千八百九十五個投資計劃。其中，只有極少數人會更重視於考察對方的能力和資源是否匹配，會選擇一些熟悉程度一般的人合作，有的是曾經的商業夥伴，有的是透過某些商業活動認識的。然而，大多數人會選擇最熟悉的人進行合作，比如老同學、親戚、朋友等。

研究發現，那些習慣和親朋好友合作的投資者，成功率會大大降低；相反，單純評估合作方的能力，或者從商業活動中尋找合作夥伴的投資者，成功率高得多。這個結果是不是非常出乎你的意料呢？

那麼，和朋友合作，為什麼要更加謹慎呢？

原因有很多。首先，如果你的公司有好朋友進入管理層，你很難在決策時拋開私心，這就會導致職能混亂、職場界線不清。我們對於合作的人如果摻雜過多的私人情感，往往會讓人失去原則，很容易出現以權謀私的現象。

其次，在合作中，太熟悉的人在資源人脈、資訊管道、認知模式上很多都重合，很容易形成思維定式和「訊息孤島」，不利於公司及計劃的發展。

最後，也是我認為最重要的一點，是在做生意的過程中，我們難免會出現利益上的分歧甚至糾紛。當你面臨友情和利益的抉擇時，不論選擇哪一個，都會讓你陷入困擾當中。

那麼，選擇什麼樣的人一起創業最合適呢？我認為包括以下三類人：

第一類，行業老二。以我的經驗，創業公司在選擇合作夥伴時，最好找行業裡的第二把手，這是經過無數次驗證的。比如小米科技的雷軍、美團的王興、阿里巴巴的蔡崇信、蒙牛集團的牛根生，這些名聲響亮的企業家都曾有在企業中擔任第二把手的經歷。

這類人在行業中有一定的積累，並且對於創業有著自己獨到的見解，有多年累積的資源。更為重要的是，行業老二有著其他人無可比擬的衝勁，因為他們往往非常迫切地渴望成功，但是不容易找到合適的機會。當你用心找到適合你的行業第二把手，給他們機會一起創業之後，你會發現他們比常人更加珍惜這種機會，會全力以赴地投入工作中。

在我的經驗中，絕大多數行業老二都希望有機會成為老大，而想要成為老大，他就一定會用全力去創業。他們總是希望證明自己，只要給他一個機會，他就會非常努力地去達到目標，所以比較容易被激勵。

記得第一次創業時，我首先找到一位行業內優秀的第二把手，順利建立了創業的合夥人團隊。那時，我對於手上的創業計劃還沒有把握，不知道自己正要做的事情是否可行，但我內心對於選擇一起創業的夥伴人選是非常篤定的。

第二類，「敢死隊」成員。這些人的人格非常高尚，如果我們在尋找創業夥伴時發現這類人，一定要想辦法留住對方。因為這樣的人不計較眼前得失，而是在乎長期利益，更加關注成功之後的名聲和對社會的價值。對於創業初期的企業，「敢死隊」成員型的合作夥伴是我們最應該爭取的。

比如，我在從產後恢復計劃向網紅經濟計劃轉型的時候，就挖掘了一個敢死隊成員型的合作夥伴。她在毫無經驗和基礎的前提下，用一年時間帶領團隊幫公司簽了一百個合作網紅，協助我邁出成功轉型的第一步，也是最艱難的一步。她在我之後的創業中，也發揮了很大的作用，我們現在也是最牢固的搭檔。

第三類，實際執行者。如果你是個善於發現商機的人，那麼一定要選擇一個實際執行者做你的搭檔。這類人也許不太擅長「掌舵」，但是他們做事踏實，沉得住氣，耐得住寂寞，往往能夠把你天馬行空的想法落實到工作當中。

我在一開始做短影片計劃的時候，也陷入了困局，因為我完全是冷啟動，並沒有累積基礎的流量和熱度，在這部分的業務也沒有投入計劃，因此三個月時間也沒有什麼起色。但幸運的是，我遇到了一個非常務實、愛鑽研的合作夥伴，他屬於「實際執行者」，話很少，但是務實進取，他的到來改變了我的困局。他每天花費大量的時間研究平臺的運作模式和腳本，要知道他並不是專業的文案和編劇從業者，但是和我一起透過不斷磨合和改進，做出了無數的熱門影片，成為我這部分業務的關鍵夥伴。

最後，你在選擇合作夥伴一起創業時，一定要找那些與你在資源、性格、思維、行為方式上互補的合夥人。選擇合夥人最好跨界，可以試著找你原有行業和圈子之外的人合作，這樣可以幫你發現你所在行業看不到的商機，拓寬你的視野，提升正確決策的機率，最終實現彎道超車。

如何選擇可靠的合夥人？

事久見人心

我在前文提到過這個概念，在這裡，我再次強調一遍：事久見人心。

我曾經在很多場合說，我是信任型人格。所謂信任型人格，就是在和別人打交道的時候，往往會以信任對方為前提。很多人說，我的這個性格總是能讓他們感到很溫暖，因為在現在的商業環境中，能獲得一個人的信任是很不容易的。

但是，這也曾讓我產生了很多苦惱，我甚至被騙過多次。畢竟，生意場是個魚龍混雜的地方，選擇相信別人就必須承擔被欺騙的風險。有不少小夥伴在做生意時，遇到過和我相同的問題。

於是，不少老闆經常問我：「楠姐，我應該怎樣選擇可靠的合作夥伴和投資人呢？」我們不得不承認，現實世界是複雜的，我們必須花些工夫選擇可靠的人同行。

老話常說「日久見人心」，但我一直很贊同的說法是「事久見人心」。評估一個人是否可靠，不能僅僅透過相處的時間來判斷，而要用共同做一件事情來試驗。當遇到關乎自身利益的事情時，這個人做出的反應才是最真實的。因此，想要篩選出可靠的合作夥伴，就必須用利益來檢驗。

利益是信任的試金石

用利益來篩選可靠的合作夥伴其實很簡單，只需要從很小的事情就可以做出判斷。比如，一個人在飯局結束之後，他是否會主動結帳，還是每次都找理由「逃走」？當他吃點小虧之後，是寬以待人還是錙銖必較？他是更看重長遠的價值，還是眼前的利益？從這些事情都能夠在很短的時間內判斷出一個人的本性。

我在和別人合作的時候，也經常透過一些小的利益點，判斷一個人是否值得合作。

我曾經和一家技術研發公司合作，合約規定甲乙雙方合作的業務利潤以51%和49%來分。計劃成本由雙方根據這個比例共同承擔，但是各自團隊的人力成本則由各自公司來承擔。

其中，有一項關於開發的人力成本為十三萬元。協議簽署前對方曾口頭承諾，他有團隊，這部分可以由他來承擔。但是在我們討論雙方合約細節的時候，我發現，對方的紙本合約上修改了關於該成本的條款，對方改為需要雙方共同承擔。

我直接將相關條款圈出來，問合作方：「劉總，我想和您討論一下關於成本的問題。這十三萬元的成本，按照之前的約定，應該是由您這邊來承擔的，但是新修改的這個合約，為什麼變成了由雙方承擔呢？」

對方看著合約遲疑了一會兒，說道：「楠總，這個合約是按照公司範本制定的，這個地方我要和公司法務溝通一下。」合作方這樣的回答，說明他當下並不願意直接承擔這十三萬元的成本。

一天後，對方並沒有確定之前承諾過由他來承擔的這十三萬元，而是對我說：「楠總，我們又重新核算了一下這部分人力成本，將成本壓縮到八萬元了。」相比於十三萬元的成本，八萬元確實少了很多，但是我依然希望這個成本由對方承擔，因為這是他們最初對我的承諾。

我對他說：「劉總，我們當時討論的設計和內容製作成本是雙方共同成本，其他的人力成本是由各自承擔的，這個方案是有變化嗎？我們的合作有變化嗎？」如果這個條款發生變化，那麼就是對方出爾反爾，也就不值得深入合作。

對方想了想，說：「楠總，可能是我理解的問題，我需要再和公司繼續溝通一下。」

我說：「您千萬別介意，我們溝通好就行，我還是非常想與您這邊合作的，如果為難，您也隨時告知我。」

「好的，我再和公司溝通一下，確定好回覆您這邊。」

「劉總費心了。」

對方最後敲定了：「楠總，我就想把這件事情做好，希望雙方合作能順利進行，這八萬元的費用由我這邊來承擔。」

合約談到這裡，我已經基本可以斷定，劉總是位值得深入合作的商業夥伴。

其實，這十三萬元成本對我來說不算多，但我必須用這筆錢來檢驗對方的本心，對方如果按照最初的承諾承擔這部分成本，則說明他是個可靠的合作夥伴。

找更好的合作夥伴，才能創造更多的利潤

在很多商業合作開展前，因為雙方共處過的時間是非常短暫的，彼此並不瞭解，所以，你需要在最短的時間內，把最難堪、最觸及利益的事情拿出來，擺在檯面上協商，才能看穿對方的本質。

就像兩個人談婚論嫁一樣，即使你們已經談了十年戀愛，也不能保證你選擇的這個人能夠給你想要的幸福婚姻。也許在結婚之前，和對方簽訂婚前協議書，反而才能試出對方真正的本心。

而且在生意當中，雙方在商討協議階段，你也只能檢驗出對方可靠程度的80%，另外20%需要落在簽字上。

我在擬定協議的時候，通常都會將自己的訴求（此前雙方口頭已確定過）全部都寫進去。當簽署協議的時候，對方如果找各種理由拖延簽約或者在付款條款那裡推託，那麼就不會再在這個人身上浪費時間，我會去尋找更好的合作夥伴。

商業是講究效率和價值的活動，如果找本質更好的人，能給你創造出更多利潤，為什麼還要在一個不可靠的人身上浪費時間呢？

有時候，因為各種問題，我們也不得不和一些不可靠的人進行短暫的合作。如果你必須面對一個價值觀不同，而且不那麼可靠的合作夥伴，我建議你直接向他明說你想要什麼，然後談一個雙方都滿意的價格，把一切可能引起爭議的模糊條款都列出來，白紙黑字，約定得明明白白。在

拿到你想要的東西之後，果斷離開他結束合作即可，不要在他的身上耗費過多的時間和精力。

如果你從對方提供的財務資訊或者合約條款中都無法判斷你的合作夥伴是否可靠，我建議你可以從他曾經的合作夥伴下手，對這個人做背景調查。

舉個例子，如果你想和一個人合夥投資建個工廠，但是一時摸不清對方的底細。這時候，你最好去調查他曾經合作過的人，看看這個人在遇到利益衝突的時候是怎麼處理的。

我認識一個蘇州的老闆陸哥，是做相冊出口的。在和上一個合夥人合作時，他教會了合夥人如何經營工廠、怎麼做電商，同時對接了很多上下游資源，還投入五十萬元做啟動資金。

然而，那個合夥人在學會他的技術和認識了一些關鍵人脈之後，不但把陸哥架空，還威脅要更多的股份，否則就退股，讓整個工廠的資金鏈斷裂，陷入癱瘓。

陸哥為人很樸實，賠錢把股份都轉讓給了合夥人，自己出來又單獨建了個工廠。

其實，業界的口碑都是會擴散的，陸哥的做法很快為他贏得口碑。不僅找他下訂單的商家越來越多，投資人也很願意和陸哥合作，因為大家知道，這個人不但講信用，而且很有格局，把錢交給他，投資人很放心。

反觀那位合夥人，占了一時的便宜，但是因為人品和口碑不好，大多數客戶和供應商都不願意再跟他合作。雖然他的工廠暫時還沒倒閉，但也是苦苦地維持著，情況大不如前。

總之，面對利益衝突的時候，最能試驗出一個人的本心。有時候，讓一步反而能夠海闊天空，不但讓你的口碑爆表，還能換來更大的發展空間。要知道，凡行過，必有痕跡。你曾經做的事，也許在短期內看起來沒有影響，實際上影響著你一生的商業信譽。做為商業資訊的研究者，透過觀察你即將要合作的人曾經面對利益衝突時的做法，基本能夠判斷出這個人是否值得合作。

不過，不管用什麼方式，都請記住一點：所有的篩選，都要以獲得更加長遠的利益為目的，同時也要考慮篩選合作夥伴以及商業資訊的成本。畢竟，獲得更大的發展，才是我們尋求合作的唯一目的。

Chapter 7

打造 IP：用「裂變式」的影響力，連結更多人

在自媒體影響力與日俱增的今天，人人都可以打造個人 IP，真正吸引更多人的注意力，與更多人產生連結。

你要做的，是抓住時代的風口，傳播自己的稀缺價值，並獲取更多的價值。

IP的本質：心智之爭

為什麼是鴻星爾克？

「請大家理性消費，不需要的小夥伴千萬不要買啊！」

「你不要管！鞋不合適我就把腳砍了，也要買！」

「你們賣得太便宜了！能漲價嗎？」

看著鴻星爾克直播間裡的留言，小夥伴們都驚呆了！

二〇二一年，河南遭遇水災之後，鴻星爾克捐贈五千萬元的物資，如此大的金額著實震驚了網友。為什麼這麼說呢？鴻星爾克二〇二〇年的營收為二十八．四三億元，相比於其他品牌，鴻星爾克完全沒有存在感，甚至已經被大多數人淡忘。

鴻星爾克的老闆大概做夢都沒想到，就是這一善舉，給品牌做了一次廣告，而且是非常成功的宣傳，即使這並非老闆的本意。這次捐助是五千萬元，可是品牌得到的回饋卻是無法預估的。

鴻星爾克捐贈五千萬元物資事件發酵之後，鴻星爾克登上了微博熱搜，當日銷售額比平時增長超過五十二倍。鴻星爾克在抖音的直播間，也立刻成了「頂級流量」。

為什麼鴻星爾克瞬間成了熱門品牌呢？因為網友覺得，你都要倒閉了還捐這麼多，必須支持你。

我們在驚嘆於中國人民的愛心和力量的同時，能從這件事情中得到什麼啟示呢？為什麼寂寂無聞的鴻星爾克，會瞬間成為爆款品牌呢？

我認為有一點原因是不能忽視的，那就是鴻星爾克在這次捐款事件中，立住了品牌的「人設」！它被賦予了愛國、民族企業、正能量、有愛心的標籤，從一個普通的運動品牌，成了熱門IP。

搶奪心智的時代

有人認為，二十一世紀是搶奪注意力的時代，但是我覺得這個說法並不準確。注意力的源頭是什麼呢？是一個人的心智。

心理學家認為，心智是一種能夠理解自己以及周圍人類的心理狀態的能力，這些心理狀態包括注意力、情緒、信仰、意圖、欲望與知識等。

因此，只有吸引人們的心智，才能真正吸引他們的注意力，並且讓其與你建立深度連結。如何才能吸引人們的心智呢？最好的方法就是取得別人的認同，讓你和對方之間形成最大的共識。

請你想一想，為什麼特斯拉這款並不完美的電動車，會受到那麼多人的追捧，並且讓許多人心甘情願地為這款車買單呢？除了特斯拉本身的產品價值，恐怕更重要的原因是消費者對於特斯拉的創辦人馬斯克價值觀的認同。

「要麼死得安然，要麼活得絢爛！」馬斯克經常掛在嘴邊的這句話，說出了很多人的心聲，引起大家的共鳴。所以，即使有一天馬斯克不再賣汽車，而是開始賣火星上的泥土，那些與他形成共識的人，依然會給馬斯克買單。

打造你自己的 IP

什麼可以凝聚人們的心智呢？我認為，在網路時代，打造屬於你自己的 IP，是凝聚共識的最佳路徑。

打造個人 IP 的本質，就是透過輸出特定的內容，塑造屬於你自己的獨特人設，進一步形成你自己的品牌。

比如賈伯斯，他將自己成功打造成這個世界上最成功的創辦人 IP 形象之一。賈伯斯有著獨特的人格特質和行為模式：他對產品有著嚴格的要求，極其重視用戶體驗，有著極高的審美能力，有著強大的控制欲，有著改變世界的夢想，也有著易怒的性格……這些鮮明的特徵，也讓蘋果這個品牌擁有獨特的魅力。可以說，蘋果這個 IP 是因賈伯斯的個人 IP 而增色的。即使賈伯斯賣的不是蘋果手機，大概也會有不少人跟隨他，為他買單。

再比如，李子柒將自己田園牧歌式的生活拍成短影片，並且透過輸出風格一致的內容，為自己貼上了美食、返璞歸真、綠色環保等標籤，吸引喜歡相關內容的粉絲群體。

當圍繞自己的受眾形成了一定規模之後，李子柒就把自己打造成了一個很有號召力的品牌，不管是賣螺螄粉還是賣水果，都會有人給她買單。

總之，相比於傳統的廣告推廣模式而言，打造個人 **IP** 的成本更低，粉絲黏著度更高，變現週期也更短。可以說，你的 **IP** 有多大，你的市場就有多大。

在這個搶奪心智的時代，只有會打造個人 **IP** 的人，才能在商業競爭中占得先機。也只有把握住這一時代風口的人，才能獲得更多的價值，與更多的人建立牢固的連結。

我的第二次創業

賺錢的機會，永遠在路上

一位偉人曾說：「站在岸上，永遠學不會游泳。」同理，只看財富故事，永遠賺不到錢。有不少朋友對我說：「楠姐，你創業好成功啊。我也想做點生意，可是一直找不到合適的計劃！」「哎呀，現在創業的風險好大呀，有沒有穩賺不賠的計劃呢？楠姐你給我推薦一個吧，我相信你。」

面對這些困惑，我總是會對他們說一句話：「請記住，從來就沒有什麼穩賺不賠的計劃，你也不需要一開始就找到完美的計劃，所有的機會都在創業的過程當中，你必須先上路！」

不要總是坐在家裡等商機，因為最好的商機都是在實踐和碰撞甚至幾近失敗的途中偶然出現的，你必須在創業的路上尋找機會。如果只是抱著隔岸觀火或者明哲保身的心態，那麼你將永遠無法發現商機。

比如，我的第一次創業，就是和影視公司的一位副總一起做兒童觀影 O2O 計劃。這個計劃雖然不大，但是讓我看到了電影分級產生的周邊服務和產品中蘊藏的商機。這期間，我發現小朋友們都很喜歡小小兵電影，我們就主動和小小兵這個 IP 合作，做一些兒童觀影現場活動，以及拿到電影專屬禮物送給來看電影的小朋友們，我們運作的這個以家庭為單位，集合了親子和育兒的兒童觀影O2O計劃在當時看算得上比較成功。

其實，如果不是開啟計劃早期的活動：將簡單的網路買票、在電影院親子觀影這個商業邏輯及需求執行，我也不會發現電影院營運中存在的其他商機。所以，你做前一件事情得到的結果，往往是你後一件事情開始的原因。

賺錢的機會，永遠在路上。

畫出你的事業藍圖

當你決定創業，並且認為自己已經做好創業的心理準備之後，接下來，我建議你要想清楚你想要的是什麼。

很多年輕人一畢業就想要自己開公司，好像開公司是一件很簡單的事情。要知道，畢業之後就創業的失敗率很高，先進入別人的公司成長一段時間，然後再出來創業，是更好的選擇。

你如果去大公司工作，可以鍛鍊你人際交往的能力、商業閉環及轉化能力，累積公司的資源和人脈，為你的創業做好準備。如果你選擇去小公司工作，則可以全方位鍛鍊創業時需要的能力。

例如，我的一個工程師朋友在BAT這類大公司裡面可以賺到高薪，但是這時一個老闆拉他去小公司創業，他應該如何選擇呢？

他先分析自己的能力、年齡，以及性格特點，並且大致計算了創業小公司能給他帶來的薪資、機會，以及工作能力的提升。

在全面的評估之後，他認為現在去小公司創業，並不能給他帶來超過現在的收益，而且面臨著許多風險，即使這次創業成功，也還是在自己這個圈子裡做原來的事情，沒有本質上的突破。因此，他果斷拒絕那個老闆的創業邀請，決定等待更好的機會。

有些年輕人之所以創業失敗，並非自身能力的問題，而是在創業之前沒有做好規劃。我在一次演講中，曾經問二十多個青年創業者，他們對未來的創業規劃是什麼。

這二十多個人當中，只有一個人大致回答出創業的階段性規劃。其他人則是頭腦中冒出一個想法之後，就馬上開始行動，都是抱著走一步看一步的心態在創業。這種頭腦一熱就創業的做法，看似很有行動力，實際上很容易遭遇失敗。

在開始創業之前，你必須做好規劃，對自己有個綜合判斷，畫出自己的創業藍圖。

你可以用這個「創業公式」，從以下四個維度，為自己的創業做出規劃。

第一個維度：分析你的人生階段

比如，你是剛剛畢業的年輕人，還是在職場打拚多年的老員工？你自己是否真的已經到了需要創業的時間點和找到了契合的合夥人？還是僅僅想換個環境，嘗試一種全新的生活？

你僅僅是想嘗試一種全新的生活，我建議你可以請個長假去旅行，而不是選擇創業。畢竟創業不是請客吃飯，你必須做好面對痛苦和焦慮的準備，才可能創業成功。

第二個維度：考慮你的自身條件

如果你有家庭，你的創業是否會影響你的生活？如果你的創業不會影響你的生活，你才可以去創業。相反，即使有再好的創業機會，我也不建議你去創業。

因為生存永遠是第一要務，當你的生活可能因為創業失敗而無法繼續時，那就應該果斷放棄創業的念頭。我們要能預測及接受創業帶給我們的最壞結果。

第三個維度：發現適合你的機遇

並不是所有的創業計劃都適合你，在發現創業機遇之後，你還需要對機遇進行判斷。比如，我的一個朋友大東曾經是一家國營企業的技術負責人，在他決定辭職創業時，有兩個創業機會擺在他面前。

一個是繼續做和技術相關的計劃，而另一個則是做和寫作相關的知識付費計劃。朋友放棄了自己做了十多年的技術計劃，而選擇了做知識付費。

很多人不理解他的選擇，而他卻認為，知識付費才是風口，而且自己從小喜歡寫作，這個計劃更適合自己。

在創業做知識付費計劃一年之後，他有了自己的網路社群，雖然規模不大，但是社群用戶黏著度很高。不到兩年，他的收入就翻了十倍，而且成了小有名氣的寫作講師。他出版的寫作類暢銷書，在網上剛剛開賣一天，就賣缺貨了。

現在，他是一家文化類公司的創辦人。

可見，並不存在什麼完美的創業機遇，適合你的機遇，才是最好的機遇。

第四個維度：隨時修正你的行動

既然你選擇創業，那就簡單地去做，而不要複雜地去想。但是，創業並非一條道跑到黑，創業本身也是不斷修正的過程。

例如，我在做產後恢復 O2O 計劃一段時間之後，發現這個計劃已經到了瓶頸期，因為我做的是線上購買、線下上門服務的模式，這意味著有極大的地域侷限性。因此，很難在除了北京以外的城市迅速發展和擴張，此外跳單（私下交易）和收入模型單一，使得我並沒有選擇繼續堅持下去，而是找到新的商機，馬上轉型做 MCN 公司。

創業環境瞬息萬變，新政策、新商業模式、新平臺、新產品、新技術的出現，有可能全面改變你計劃的前景。所以你的行動，必須根據外部環境的變化而不斷修正。

有些創業失敗的人，並非不能堅持到底，而是在創業的過程中缺少變通。成功的創業者不僅要有高山一般的堅定，更要有流水一樣的靈活、包容和睿智。隨著外部環境的變化，而改變自己的商業模式和創業方向，在多變的環境中，找到自己的財富坦途。

完美的計劃存在嗎？

很多人遲遲不敢上路，很大程度上在於，他們總想找個完美的計劃，再找個完美的合作夥伴。

有一次我和商學院的幾個同學喝茶，聊得開心的時候，一個小夥子突然說道：「家裡給我介紹了好幾個女朋友，怎麼就沒有一個感覺合適的呢！」

我好奇地問：「那你覺得什麼樣的女孩合適呢？」

小夥子想了想說道：「我也沒有太高的要求，身高最好一百七十公分以上，長得要漂亮一點，而且有事業心，脾氣必須好，人要很溫柔。」

同學們聽完他的描述，異口同聲地說道：「那你可能會一直單身。」

完美的女性是不存在的，每個人都有缺點。能力強的女性不一定溫柔，漂亮的女性不一定會做家務，勤儉持家的女性不一定漂亮。想要各個方面都完美的老婆，那只能在夢裡尋找。

普通人選擇創業和選擇伴侶是同樣道理。創業不適合所有人，因為創業充滿了挑戰和未知、痛苦和焦慮。沒有任何一個行業，也沒有任何一個計劃是完全無縫對接、沒有絲毫風險的。

你選擇創業，就必須做好承擔風險，甚至做好血本無歸的準備。這一點，我深有體會。

一個人的創業

二〇一八年，我的事業遭受重大危機。因為我之前的業務主要集中在一款以女性為主的中長影片APP上，而當時這款APP的活躍用戶減少了56%，股價暴跌17%。大量網紅轉移到其他平臺，這也使得我經營的MCN公司受到很大的衝擊。

這讓我必須考慮轉型，必須要將業務從做中長影片的平臺轉移到其他短影片的平臺上，重新開始。那時，抖音正處於方興未艾的階段，我在全面分析了抖音的數據之後，決定帶著旗下所有合作的網紅轉戰抖音。

但是，因為團隊及網紅都缺乏策劃及經營短影片的經驗，所以轉戰到抖音之後，旗下大部分網紅都水土不服，沒有做起來，網紅和團隊之間為此也互相埋怨。

經過苦思冥想之後，我決定親自下場當網紅部落客，想用自己的成功和經驗做案例，為其他人闖出一條做短影片的路。

我記得當我在公司的會議上提出這個想法之後，會議的表決結果竟是零票贊成，五十六票反對。但是我的決心已定，於是帶著唯一一個想要試試看的員工開始經營抖音帳號。

結果，我在做了三個月之後，抖音帳號的粉絲一直停留在三萬，播放量遲遲上不去。在這期間，我換了三種短影片風格，包括搞笑風格、勵志風格、生活 Vlog 風格。

然而，這些短影片的風格都不適合我以及當時的抖音平臺，很多作品也與其他競品雷同，這時，那個唯一跟著我試試看的員工也提出了離職申請。經過無數次的打擊之後，我甚至產生了放棄的念頭。

我是如何找到突破口的？

正當我萌生退意的時候，我迎來了以下兩個突破口。

第一個突破口：一個核心人物的出現改變了整個局面。

短影片團隊中的核心人物必須具備以下特點：首先要有兩個「善於」，即善於研究和善於總結。這個核心人物看到我開始做短影片帳號後，背著我研究了三個月的抖音，每天研究六個小時以上的短影片內容，總結抖音平臺運作模式和適合我的人設及內容形式。

此外，核心人物還必須有兩個「瞭解」，即瞭解抖音和瞭解抖音發布者本人的高光特質。而且要有兩個「明確」，也就是明確短影片的目標群體，以及明確短影片內容的製作思路。我的核心人物在三個月內拆解了爆款影片上千個，可以說是完全掌握了抖音短影片的底層邏輯。

這個核心人物也必須是我的合夥人，因為只有合夥人才能花費這麼多時間和精力為我研究短影片，打工人是做不到的。

第二個突破口：我的內容出現了關鍵突破點。

那時，電影《八佰》的主演之一王千源，為了宣傳電影拍了個抖音短影片，他一個人對著鏡頭，影片外還有一個人跟他對話，如下。

王千源：「對方多少人？」

旁白：「三十萬。」

王千源：「我們多少人？」

旁白：「八百。」

王千源：「揍他！」

這個影片在抖音推出之後立刻爆紅，我的合夥人看到這個影片之後，立即模仿該影片形式，創作出了首個「三句半」形式的爆款影片，如下。

客戶已經到了，就在會議室。

我：「對方出價多少？」

旁白：「三十萬元。」

我：「我們的利潤呢？」

旁白：「八百元。」

我：「辨他。」

正是透過這條短影片，我的抖音帳號內容確立了新風格。我的每條影片都貫穿了接地氣、霸氣女老闆風格，影片一鏡到底；並且，影片風格要颯、要短、要帶感。這樣，我透過這一系列的影片，樹立了適合我的女強人的人設。

「三句半」文案，讓我找到了內容的突破口，同時也找到了新的短影片創作方向。我的短影片臺詞往往都很精練，這樣是為了提高完播率，也是為了用最扼要的訊息去打動別人。

而我的短影片的基本內容框架也開始形成，它包括我的眼神和表情的細節，比如用眼神抓人，用表情和神態展現個人魅力。此外，影片整體的音樂節奏也使用時下熱門的音樂，結尾留 slomo（慢動作）加深定場印象等方法，都為我以後的影片定下風格。我的帳號在十五天的時間內，迅速突破了百萬粉絲，終於迎來了第一波漲粉高峰。

用內容吸引大眾，打破流量天花板

當我的抖音粉絲突破百萬之後，我的影片播放量和粉絲數量卻陷入了長時間的停滯狀態。不管再創作和投放多少同類型的影片，我的粉絲數量始終沒有提升。

我靜下心來仔細分析原因之後發現，抖音粉絲都是呈螺旋式增長的，一個內容模式達到頂峰之後就會停滯。抖音平臺也是透過這樣的方式，迫使你創作新內容。

而且，我的內容被全網模仿，三句半的影片腳本被許多帳號複製。比如，一個做裝飾工程的小老闆每天翻拍幾乎和我一模一樣的影片，透過抄襲的方式很快也收穫了近百萬粉絲，有些影片播放量竟然比我的還高。

影片如下。

旁白：「王總您朋友發訊息來，要求我們的設計總監全程負責！」

老闆：「可以啊！」

旁白：「還要求免費送貨、上樓、安裝、保潔，贈送全套家電。」

老闆：「停，報價利潤有多少？」

旁白：「10％。」

老闆：「封鎖吧！」

就在抖音平臺的營運規律以及全網抄襲而導致的相同內容過剩的現象之下，我的帳號在維持兩百多萬粉絲後三個月沒有增加新的粉絲，影片數據也開始呈整體斷崖式下滑。這些問題的出現，讓我必須轉型才能應對危機。

面對危機，我從以下兩個方面入手，對影片做了轉型調整。

其一，深挖人設，保持內容定位。

我的影片除了以自己和客戶談生意為主創內容，還創作了很多以溝通、人際關係、人情世故、員工關懷等為主題的影片。

例如以下影片。

男：楠姐，我來跟您告別。

楠姐：都準備好了？

男：嗯，謝謝楠姐這些年的栽培，送我幾句話吧！

楠姐：在外闖蕩，這幾句話記在心裡：人際關係的好壞，不在於你怎麼對待別人，而在於你自身，只有強者，才能獲得尊重和寬容；不要太單純，要學會適當偽裝自己，千萬不要相信任何人，更不要亮出你的底牌，一旦別人覺得你沒用，翻臉會比翻書還快，記住了別人不瞭解你，是不會欺負你的；凡事要留後路，學會穩中求勝，做任何事情之前都要想得長遠一點，學會感恩幫助你的人。

男：記住了，楠姐。

楠姐：在你沒成功前，你一直會很孤獨（稍停頓一下），挺過去！

這個影片的內容雖然保持了我女老闆的固有人設，但是內容已經變成前輩對後輩的指導，給人非常溫馨的感覺，挖掘出了女老闆人設的不同面向。

其二，多元輸出，調整內容結構。

我的影片在選題、場景、文案方面都做了調整，讓影片輸出變得更加多元化，人設也更加有立體感和親和力。例如：車內場景。

楠姐：您的公司前面就到了，我就不送您了。

男：好，剛才吃飯你一句正事也沒談。

楠姐：您夠忙了，出來吃飯就放鬆一下吧。

男：計劃二期已經開始了，你想做吧？

楠姐：有機會嗎？

男：一期是你做的，這算是個優勢，但是二期還是按招標來。

楠姐：明白，我努力。

男：這次對技術要求很高，明天下午劉總工會來我辦公室彙報，你帶著資料也過來吧，要是能碰見，我給你引薦一下。

楠姐：好的，一定到！

男：好了，我走了。

楠姐：您辛苦了，明天見。

這次轉型之後的影片不颯了，並且增加了技巧和為人處世的智慧。但是人設沒有改變，說話慢、有眼神、有智慧的人物形象是不變的。內容沒有直接輸出，而是需要反覆多次觀看和細品才能悟出其中的道理和為人處世的智慧，更加耐人尋味。

其三，立足於真實的場景，輸出經驗。

我把我在日常談生意、社交、管理中的經驗和策略，融入短影片中，抱著「利他」的心態，希望能讓看到影片的觀眾受到啟發。

此外，短影片中的這些故事都不是憑空編造的，而是我和我身邊朋友真實經歷過的，因為只有真實的，才是能夠觸動人心的。當然，為了便於觀眾理解，我們對影片中的角色和場景進行了適當的調整，讓整個影片更直接、更簡潔。

例如這個短影片：

小暢：楠姐，告訴我今天的談判吧。

楠姐：隨便說幾個細節吧。當對方說到「我覺得」，表明他很強勢，要先肯定他的觀點，順著他，再繞到我們的方案上；看到他靠到椅子背上，這時候一定要加快節奏，不要一直停留在當下的話題上，因為他不耐煩了；當他湊近聽你講時，這時候一定要注意，因為他感興趣的來了；當對方說「錢不是問題，只要……」，這時你千萬不要相信，到最後他們永遠關心的是價格，該優惠還是要優惠。

楠姐：當然，這只是其中幾個細節，總之，一定要學會察言觀色！

小暢：唉，做個案子可真難啊……

楠姐：多失敗幾次就好了！

以上影片中有大量的「經驗」，可以讓觀眾在看抖音的同時，短時間內學到實用的知識。內容轉型之後，我創作影片的整體模式也發生了根本改變。為了打破抖音的流量天花板，我改用「挖掘爆款模型—複製模型—增加更新頻率」的模式，開始了整體的影片營運。

在流量上升期，我拍攝了大量結構和模式不完全相似的影片，並且透過影片日更小步快速更新，盡可能防止由於別人抄襲而導致內容過剩從而失去平臺的推送。大部分部落客的漲粉和流量曲線都呈拋物線，而我選擇在這條拋物線向上的時候，就提前開始進行下一階段影片內容的轉型，而不會再等到拋物線向下的時候才去做被動轉型。

這次轉型之後，在四十五天之內，我的粉絲從兩百萬增加到五百萬。透過這次轉型我明白了，在抖音上必須用變化和好的內容，用真實的故事和有價值的分享來漲粉和吸引流量。要不斷更新自己的短影片內容模式，才能在抖音的大環境下生存下去。

打造個人 IP 的方法

總結我走過的彎路，透過短影片打造個人 IP，並非在短影片創作的過程當中才思考個人 IP 的打造方向，而是在做短影片之前，就要明確自己的人設和定位。

那麼，如何打造個人 IP 呢？我認為應當從以下三個維度做好規劃。

第一，人設與變現匹配

帳號與自身商業價值匹配，是打造人設的重點。在做抖音帳號之前，我們就必須立好人設，人設和變現在第一步就要匹配。

人設分為漲粉向和變現向。

漲粉向，漲粉會很快，但是變現不一定快。比如，影視類、娛樂類帳號漲粉快，但是變現慢。

變現向，漲粉不一定快，變現會很快，即使三十萬粉絲也很容易變現，只要你能拿出自己的特點、價值、資源，會有很多人為你買單。變現向的帳號很多都比幾百萬甚至幾千萬粉絲帳號的變現能力強，因為你一開始就精準了內容和人群。人與人歸根結柢是價值吸引，因此我建議你選擇變現向。

粉絲量與變現價值是不成正比的，很多兩千萬、三千萬粉絲的部落客都變現困難。企業類、銷售類、知識類帳號，雖然漲粉慢，但是變現快。我做的帳號類型屬於商業 **IP** 類帳號，人設強，用場景分享知識，這類帳號漲粉快，變現也相對快，我會選擇向變現向的創作思路靠攏來經營帳號內容。

第二，找到自身的特點

你如果想打造自己的人設，找到自身的特點至關重要。你可以從自己的特點出發，找到自己擅長的方向。

比如，除了顏值、身材，還有資源、知識、專業、技能等。你可以從這些方面找到你突出的地方，找到你和競爭對手的差異。

你只有找到自身的特點，創作才能不斷持續，且內容的受眾才可能更加精準。在找到影片的定位、縱向累積精準粉絲之後，再橫向廣泛吸引粉絲，才能實現流量的持續增長。

第三，找到自身的差異化

自身的差異化，包括 **IP** 差異化以及形式差異化。

IP 差異化，是人設、內容、價值觀本身的差異化。我在剛開始做影片時，全平臺拍影片的女老闆並不多。已有女老闆的影片風格，也主要以端莊、睿智、表達自我為主，缺少以颯、爽、帶感、傳遞談生意的經驗技巧為特點的女老闆人設，所以我設定了與她們不同的人設風格，實現了IP的差異化。

形式差異化，是行為、動作、道具、場景、情緒等形式方面的差異，但整體的風格還是要帶有鮮明的記憶點。比如我的影片內容雖然經過多次轉型，但是影片形式始終保持了「一鏡到底＋楠姐一人出鏡＋內容共鳴有爽點＋原創」的形式，讓大家產生深刻的印象，也不容易被其他人模仿和取代。

比如，我的眼神殺、短髮形象始終沒有改變，因為這是我與其他競爭對手的明顯差異。又如，我影片的背景沒有精緻的老闆桌，而是一面白牆，上面是我兒子的畫作，這是我與其他同類型影片的細節差異，我想展現親和、零距離。

找到自身的差異化，創作原創影片，對打造IP非常重要。你在第一階段可以套用別人的爆款影片，但是第二階段轉型時，必須找到自己的鮮明人設和原創內容，才能做出你自己的影片，形成屬於你自己的IP。

如何持續輸出爆款內容？

如何持續輸出爆款內容，是每個做短影片的小夥伴都面臨的問題。要解決這個問題，可以試試以下三個方法。

一、階段性固定腳本模型

階段性固定腳本模型，是指在同一個流量上升週期之內，拍攝的影片內容要盡可能保持一致。比如，影片的時長一致，腳本格式一致，內容、「哏」、畫面、場景、服裝風格一致，音樂風格一致等。

這是短影片經營可以著重去遵循的商業邏輯，如果在同一個流量上升週期之內，突然改變腳本模式，那麼就很可能造成帳號流量最大限度的獲取缺失，而錯過這一階段的漲粉熱度。

舉個例子。我嘗試過用同樣的一段影片腳本進行多次拍攝，只是換了件衣服，結果這些影片的播放量都在三千萬以上。這充分說明，好的內容腳本模型，始終能抓住全網熱門影片的推薦機制，也就說明了為什麼很多帳號透過抄襲別人的熱門影片也可以快速漲粉。但這種做法在同一帳號基於已有粉絲的體驗上會很不友好，我們不能這麼做。

因此，正確的做法是，當你找到符合現階段流量機制的固定腳本模型之後，既要保持腳本模型結構不變，又要適當改變內容和文案，並透過持續輸出、增加更新頻率、品質優化相同結構的影片，最大限度地抓住流量上升期間的熱度。

二、內容形式的合理轉換

抖音平臺有自己的流量曲線規律，這導致我們在做影片的時候都會遇到流量天花板。所以，當同一類影片做到頂端之後，我們就要考慮內容和形式的轉變。

對於轉型，我建議你可以按照以下三個階段進行轉變。

第一階段：為粉絲提供內容或劇情爽點，這樣既可以吸引流量、引起共鳴，也能夠提升完播率。

例如：

餐廳包廂，一大桌子點好的飯菜，楠姐一直在等待對方。

暢：楠姐，張總剛才打電話，他今天又來不了了。

楠姐：原因呢？

暢：嗯……他說外面下雨了……

楠姐放下手機面帶微笑，示意暢：坐下來，我們吃。

暢：啊，那……張總呢？

楠姐倒酒，抬頭微笑：封鎖吧！

影片發布文案：尊重是一個人的修養，我選擇和有修養的人合作！

第二階段：持續增加知識、技能、觀點、經驗的輸出。這樣可以提升影片的按讚（收藏）率、評論率，影片中的經驗也可以讓粉絲進行深入思考。

例如：

小暢：楠姐，這個合約您看一下，沒問題就簽了。

楠姐翻開合約看了一眼：和肖總的合作啊。

小暢：嗯。

楠姐：看來上次肖總對我們的服務很滿意啊。

小暢：是的。

楠姐：既然是這樣，為什麼餘款遲遲不付呢？

小暢：肖總是我們的大客戶，這不又有新的計劃，所以我們也不太敢催。

楠姐：做生意是為了給公司賺錢，目前我們從肖總那裡賺到了嗎？

小暢：還沒有。

楠姐把合約遞給小暢：所以先去把錢收回來。
小暢：那這個計劃不做了？
楠姐：做。
小暢：那……
楠姐：跟肖總說，我們需要他的尾款啟動新的計劃。
小暢：會不會得罪肖總？
楠姐：這個月，你的薪水先扣了。
小暢：這……為什麼啊？
楠姐：你怎麼不怕得罪我？
小暢：哦，明白了，我去處理！
楠姐：記住，強摘的瓜不甜。

這個影片中暗藏著大量的談生意、為人處世的道理和方法，可以給觀眾帶來新的啟發。當然，這些道理也都是我自己多年經商以來最真實的體會，我相信它們真的能幫到大家。

第三階段：找到你與粉絲的情感共鳴。

比如，我在吸引了同類型的粉絲之後，也可以在內容裡說說情感、親子教育等。這樣不僅能提升影片的轉發率，也能夠增加新類型的粉絲、增強粉絲黏著度，與流量之間形成更多維度、更深度的連結。

例如：楠姐整理文件夾給員工：除了第三條改一下，其他沒問題。

女員工：好的，那我就先撤了。
楠姐：我也馬上完事了，我送你吧。
女員工：不用，楠姐。
楠姐：順路嘛，怕什麼？
女員工：嗯……有人來接我。
楠姐：交男朋友了？
女員工：剛認識。
楠姐：怎麼樣呀？
女員工：不太符合我的擇偶標準，不過對我挺好的。
楠姐：你們這些孩子，就愛定標準。
女員工：楠姐，你以前就沒有擇偶標準嗎？
楠姐笑：也有。
女員工：那姐夫全符合嗎？
楠姐：不呀。
女員工：那為什麼……
楠姐：因為……標準全忘了。

總結一下：每次短影片轉型都要注意，你的人設要與商業價值匹配。固定的腳本模型在不同階段要及時更新，每次更新都會吸引新粉絲。在創作短影片的同時，還必須研究平臺的運作模式，洞察熱點，比別人更快抓住商機。

最重要的一點也是第三個方法，就是要始終保持空杯心態，戒驕戒躁。既不必妄自菲薄，也要避免路徑依賴；要不斷嘗試和總結，找到最適合你的模式。因為只有適合你的，才是最好的。

寫在最後：我的成績，你可以複製

短影片平臺在變化，商業機會在變化，時代也在變化，我們只有去學習新的東西，才不會被時代拋棄。我常說，要簡單地去做，不要複雜地去想。

從零到全網千萬以上粉絲的「網紅」企業家，我走過了一條充滿艱辛但是別樣精彩的道路；從一個孕期挺著大肚子開始連續多次創業的創業者，到成為企業估值過億的創辦人，我深知我能做到的，你同樣可以做到。

感謝你能翻開這本書。

希望所有的讀者在讀完這本書之後，能放下眼前的焦慮，找到新的方向。希望你的人生如江河一般一往無前，衝破一切艱難險阻，奔流入海，成就自己的人生。

人生顧問 472

你可以連結任何人

作者　李楠
責任編輯　沈敬家
校對　劉素芬
封面設計　江麗姿
內頁排版　江麗姿

總編輯　龔橞甄
董事長　趙政岷
出版者　時報文化出版企業股份有限公司
一〇八〇一九　臺北市和平西路三段二四〇號四樓
發行專線　（〇二）二三〇六六八四二
讀者服務專線　〇八〇〇二三一七〇五
（〇二）二三〇四七一〇三
讀者服務傳真　（〇二）二三〇四六八五八
郵撥　一九三四四七二四　時報文化出版公司
信箱　一〇八九九　臺北華江橋郵局第99信箱

時報悅讀網　www.readingtimes.com.tw
法律顧問　理律法律事務所陳長文律師、李念祖律師
印刷　勁達印刷有限公司
初版一刷　二〇二三年二月十日
初版二刷　二〇二三年三月十三日
定價　新台幣四〇〇元（缺頁或破損的書，請寄回更換）

時報文化出版公司成立於一九七五年，
並於一九九九年股票上櫃公開發行，
於二〇〇八年脫離中時集團非屬旺中，
以「尊重智慧與創意的文化事業」為
信念。

你可以連結任何人 / 李楠著 . -- 初版 . -- 臺北市 : 時報文化出版企業股份有限公司 , 2023.02
面；　公分 . -- (人生顧問 ; 472)

ISBN 978-626-353-375-2(平裝)
1.CST: 職場成功法 2.CST: 人際傳播

494.35　　111021556

ISBN 978-626-353-375-2
Printed in Taiwan